中华传统食材丛书

总主编 魏兆军 陈寿宏

药食同源卷

主 编 魏兆军 陈寿宏
编 委 黄孟茹 张 帆 张秀秀

合肥工業大學出版社

总序

健康是促进人类全面发展的必然要求，《“健康中国2030”规划纲要》中提出，实现国民健康长寿，是国家富强、民族振兴的重要标志，也是全国各族人民的共同愿望。世界卫生组织（WHO）评估表明膳食营养因素对健康的作用大于医疗因素。“民以食为天”，当前，为了满足人民日益增长的美好生活的需求，对食品的美味、营养、健康、方便提出了更高的要求。

中国传统饮食文化博大精深。从上古时期的充饥果腹，到如今的五味调和；从简单的填塞入口，到复杂的品味尝鲜；从简陋的捧土为皿，到精美的餐具食器；从烟火街巷的夜市小吃，到钟鸣鼎食的珍馐奇馔；从“下火上水即为烹饪”，到“拌、腌、卤、炒、熘、烧、焖、蒸、烤、煎、炸、炖、煮、煲、烩”十五种技法以及“鲁、川、粤、徽、浙、闽、苏、湘”八大菜系的选材、配方和技艺，在浩渺的时空中穿梭、演变、再生，形成了绵长而丰富的中华传统饮食文化。中华传统食品既要传承又要创新，在传承的基础上创新，在创新的基础上发展，实现未来食品的多元化和可持续发展。

中华传统饮食文化体现了“大食物观”的核心——食材多元化，肉、蛋、禽、奶、鱼、菜、果、菌、茶等是食物；酒也是食物。中国人讲究“靠山吃山、靠海吃海”，这不仅是一种因地制宜的变通，更是顺应自然的中国式生存之道。中华大地幅员辽阔、地大物博，拥有世界上最多样的地理环境，高原、山林、湖泊、海岸，这种巨大的地理跨度形成了丰富的物种库，潜在食物资源位居世界前列。

“中华传统食材丛书”定位科普性，注重中华传统食材的科学性和文化性。丛书共分为30卷，分别为《药食同源卷》《主粮卷》《杂粮卷》《油脂卷》《蔬菜卷》《野菜卷（上册）》《野菜卷（下册）》《瓜茄卷》《豆荚芽菜卷》《籽实卷》《热带水果卷》《温寒带水果卷》《野果卷》《干坚果卷》《菌藻卷》《参草卷》《滋补卷》《花卉卷》《蛋乳卷》《海洋鱼卷》《淡水鱼卷》《虾蟹卷》《软体动物卷》《昆虫卷》《家禽卷》《家畜卷》《茶叶卷》《酒品卷》《调味品卷》《传统食品添加剂卷》。丛书共收录了食材类目944种，历代食材相关诗歌、谚语、民谣900多首，传说故事或延伸阅读900余则，相关图片近3000幅。丛书的编者团队汇聚了来自食品科学、营养学、中药学、动物学、植物学、农学、文学等多个学科的学者专家。每种食材从物种本源、营养及成分、食材功能、烹饪与加工、食用注意、传说故事或延伸阅读等诸多方面进行介绍。编者团队耗时多年，参阅大量经、史、医书、药典、农书、文学作品等，记录了大量尚未见经传、流散于民间的诗歌、谚语、歌谣、楹联、传说故事等。丛书在文献资料整理、文化创作等方面具有高度的创新性、思想性和学术性，并具有重要的社会价值、文化价值、科学价

值和出版价值。

对中华传统食材的传承和创新是该丛书的重要特点。一方面，丛书对中国传统食材及文化进行了系统、全面、细致的收集、总结和宣传；另一方面，在传承的基础上，注重食材的营养、加工等方面的科学知识的宣传。相信“中华传统食材丛书”的出版发行，将对实现“健康中国”的战略目标具有重要的推动作用；为实现“大食物观”的多元化食材和扩展食物来源提供参考；同时，也必将进一步坚定中华民族的文化自信，推动社会主义文化的繁荣兴盛。

人间烟火气，最抚凡人心。开卷有益，让米面粮油、畜禽肉蛋、陆海水产、蔬菜瓜果、花卉菌藻携豆乳、茶酒醋调等中华传统食材一起来保障人民的健康！

中国工程院院士

2022年8月

序

“药食同源”一指中药与食物是同时起源的。《淮南子·修务训》称：“神农尝百草之滋味，水泉之甘苦，令民知所避就。当此之时，一日而遇七十毒。”可见神农时代药与食不分，无毒者可就，有毒者当避。随着经验的积累，药食才开始分化，在使用火后，人们开始食熟食，烹调加工技术才逐渐发展起来，在食与药开始分化的同时，食疗与药疗也逐渐区分。

“药食同源”更多是指许多食物即药物，它们之间并无绝对的分界线，古代医学家将中药的“四性”“五味”理论运用到食物之中，认为每种食物也具有“四性”“五味”。隋朝的《黄帝内经太素》一书中写道：“空腹食之为食物，患者食之为药物”，反映出“药食同源”的思想。由此可见，在中医药学的传统之中，药与食的关系是既有同处，亦有异处。如今中医药学有一种中药的概念：所有的动植物、矿物质等也都是属于中药的范畴，中药是一个非常大的药物概念。凡是中药，都可以食用，只不过是用量上的差异而已。也就是说，毒性作用大的食用量小，而毒性作用小的食用量大。因此严格地说，在中医药中，药物和食物是不分的，是相对而言的，药物也是食物，而食物也是药物；食物的副作用小，而药物的副作用大。这就是“药食同源”的另一种含义。

中医学自古以来就有的“药食同源”理论认为：许多食物既是食物也是药物，食物和药物一样能够防治疾病。《黄帝内经·素问·五常政大论》对食疗有非常卓越的理论阐述，如“大毒治病，十去其六；常毒治病，十去其七；小毒治病，十去其八；无毒治病，十去其九；谷肉果菜，食养尽之，无使过之，伤其正也”，这可称为最早的食疗原则。从发展过程来看，远古时代药食是同源的，后经几千年的发展，药食分化，若再往今后的前景看，也可能返璞归真，以食为药，以食代药。

国家卫生部在2012年公布了药食同源物质名单，共86种，在2014年国家卫计委又补充了15种中药材物质，其在限定使用范围和剂量内可作为药食两用。本书从老百姓日常生活中喜闻乐见的药食同源类食材着手，筛选了34种食材，涉及蔬菜类、花果类、根茎类等诸多种类。本书为人们了解药食同源类食材的营养保健价值和食用方法提供了参考依据。

本书为国家出版基金项目“中华传统食材丛书”（项目编号2019C-036）之一，本书的编写，得到合肥工业大学食品与生物工程学院章建国老师团队和合肥工业大学出版社该项目编辑团队的大力支持，在此一并致谢。

南昌大学食品科学与技术国家重点实验室邓泽元教授审阅了本书，并提出宝贵的修改意见，在此表示衷心的感谢。

由于编者的知识水平有限，书中错误在所难免，恳请广大读者批评指正。

编　者

2022年7月

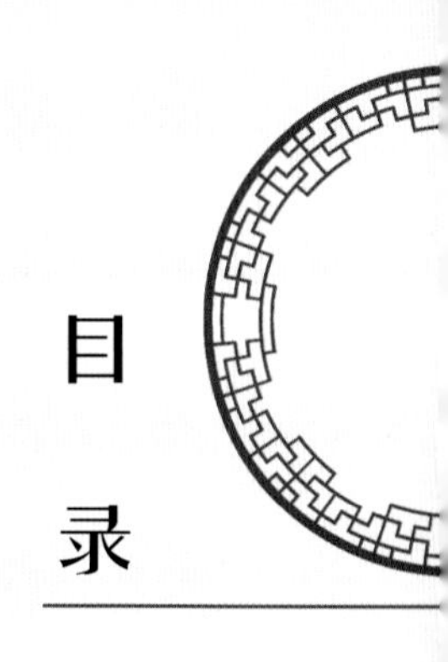

目录

芫荽

古来此叶入岐黄，也伴盐梅佐羹汤。
最爱玉盘浮绿意，肺腑尽留奇异香。

——《芫荽》（现代）甘伟

一、物种本源

拉丁文名称，种属名

芫荽（*Coriandrum sativum* L.），伞形科芫荽属，为一二年生有强烈气味的草本植物。芫荽又名香菜、胡荽、香荽、莛荽菜、漫天星、圆荽、莞荽、莛葛草、蔗荽等。

形态特征

常见芫荽高20～30厘米，根纺锤形，细长，有多数纤细的支根，茎圆柱形，直立纤细，多分枝，状似芹，叶小且嫩，叶柄较短，叶片呈扇形，呈绿色，具有特殊的香味。

习性，生长环境

芫荽能耐−1～2℃的低温，适宜生长温度为17～20℃，超过20℃时生长缓慢，超过30℃时则停止生长；对土壤要求不严，但结构好、保肥保水性能强、有机质含量高的土壤有利于芫荽生长。

芫荽有大叶和小叶两个类型。大叶品种植株较高，叶片大，产量相对高一些；小叶品种植株较矮，叶片小，香味浓。芫荽耐寒，适应性强，但产量较低。

芫荽原产地为地中海沿岸及中亚地区，是一种重要的食用蔬菜。我国各地均有栽培，以华北地区最多且品种资源十分丰富，比如山东芫荽，叶大，色浓；北京芫荽，叶柄细长，较耐寒耐旱；河南原阳秋芫荽的植株比较高大。

二、营养及成分

芫荽营养丰富，内含维生素C，胡萝卜素，维生素B_1、B_2等，同时还含有丰富的矿物质，如钙、铁、磷、镁等。每100克芫荽部分营养成分见下表所列。

碳水化合物	6.2克
蛋白质	1.8克
膳食纤维	1.2克
脂肪	0.4克
维生素C	192毫克

二、食材功能

性味 味辛，性温。

归经 归脾、肺经。

功能

（1）增进食欲。芫荽中含有许多挥发油，其特殊的香气就是挥发油散发出来的。它能祛除肉类的腥膻味，因此在一些菜肴中加些香菜，即能起到祛腥膻、增味道的独特功效。其挥发油中含有甘露醇、正葵醛、壬醛和芳樟醇等，可开胃醒脾，增加食欲。

（2）润肠通便。芫荽中的膳食纤维含量非常高。食用后可吸收大量水分，在胃内膨胀，增加食物的湿度，滋润肠胃，刺激肠蠕动，促进食物残渣排泄，适用于便秘患者。

（3）保肝明目。芫荽中维生素A的含量也很高。维生素A是肝脏和视网膜的重要组成部分。食用芫荽可以促进视紫红质的合成，缓解肝细胞衰老，保护肝脏和眼睛。

芫荽叶石榴籽点缀的点心

四、烹饪与加工

提味

芫荽最重要的作用是提味。比如一碗小馄饨，加入榨菜，撒些虾皮，滴点酱油，最后放入芫荽，用高汤一沏，捞进煮好的馄饨，味道鲜美；或者喝羊汤的时候，汤会腻，加入香菜不仅可以中和油腻，还能调节羊汤单调的颜色。对于芫荽的提味作用，有人评价说：如果其他材料是99分，那么芫荽就是这至关重要的最后1分，它存在的意义就是点亮了整道菜品。

调味

芫荽最古老的作用就是调味，夏天的凉菜里总会撒一把芫荽末，增色又调味；即将出锅的菜品扔进几根香菜，不仅是为了摆盘好看，高温逼出的香气也使菜肴增添了一份独特的味道；吃涮肉的时候，芝麻酱碗里也肯定少不了芫荽。

去腥膻

芫荽也有发挥更重要作用的时候——去腥膻。比如，孜然羊肉这道菜里，跟羊肉搭配的就是芫荽。芫荽还能掩盖一些食材本来的怪味，比如，芫荽本身含有挥发油，能中和猪大肠的恶臭，使猪大肠更加美味。

香料

在西方，芫荽籽是常见的香料，多用于腌渍菜，也能和很多香辛料搭配组合来调味烹饪。德国人和南美人用芫荽籽腌香肠，中欧人和东欧人会用芫荽籽作为葛缕子的替代品，烤黑面包。芫荽籽香气浓郁，有辛辣味，也是制作咖喱粉的重要原料。芫荽根比茎叶和籽的味道更浓郁醇厚，在泰国菜里，常用来做泰式汤和咖喱酱。

菜品

芫荽作为一种蔬菜被大量食用的机会不多，只有涮火锅时才会想到直接吃。

凉拌芫荽

（1）材料：芫荽、红辣椒、蒜、食用油、食盐、白糖、生抽、醋。

（2）做法：芫荽摘洗干净，沥干水分，切段，加入少量盐腌制一下；大蒜拍碎，红辣椒切碎；起锅烧热油，放入碎蒜爆香；加入糖、生抽和醋调味，晾凉；晾凉的调味汁倒入香菜中拌匀即可。

凉拌芫荽

五、食用注意

（1）患口臭、狐臭、严重龋齿、胃溃疡、生疮者少吃芫荽，另外芫荽性温，麻疹已透或虽未透出但热毒壅滞者不宜食用。

（2）服维生素A、补药或中药白术、牡丹皮时不应食用芫荽，防止降低药效。

（3）产后、病后初愈者，存在不同程度的气虚，不宜食用芫荽。

芫荽其如予何？

自从张骞从西域经丝绸之路带回胡荽种子之后，这种褒贬不一的小小植物便传遍华夏大地。

有人喜欢得不得了，吃什么都要放一点，比如乾隆。乾隆爱吃芫荽，又觉得这名字不好听，干脆改叫“香菜”。有人远远闻着就大皱眉头，如汪曾祺，还要在书里写道：“以为有臭虫味。”还有人连听到胡荽这个名字都皱眉头的，这个人就是后赵皇帝石勒。石勒本是胡人，对“胡荽”里这个“胡”字很敏感，就将其名改成了“芫荽”。

关于“芫荽”，有个跟大学问家王安石有关的小故事，颇有趣味。王安石变法革新，虽然得到了宋神宗的支持，但是在推行过程中得罪了权贵，因用人不善而被诟病。神宗不得已，罢了王安石的官。王安石在家忧心忡忡，精神不佳。与王安石情同师徒的吕惠卿来看望王安石，说：“您面上气色不好，有黑斑，用芫荽泡水可以洗掉。”王安石说：“我皮肤黑，不是什么黑斑。”吕惠卿又道：“皮肤黑没关系，用芫荽也可以令皮肤变白净的。”王安石哈哈大笑：“天生黖予，芫荽其如予何?”意思就是：我天生就是这么张黑脸，芫荽能拿我怎么样?

其实王安石说这话的意思，是表明自己的心志：没有什么能改变自己变法革新的决心。果然一年后，王安石再次拜相，继续推行新政。

小茴香

宫砖卖尽雨崩墙，苜蓿秋红满夕阳。
玉树后庭花不见，北人租地种茴香。

——《金陵怀古》（元）宋无

一、物种本源

拉丁文名称，种属名

小茴香（*Foeniculum vulgare* Mill.），伞形科茴香属，为植物茴香的干燥成熟果实，又名茴香、怀香。

形态特征

茴香为多年生草本植物，高0.5~2米。茎直立，光滑无毛，中空，上部分枝。基生叶丛生，叶柄基部呈鞘状抱茎，叶片3~4回羽状细裂，最后呈线形小裂片。复伞形花序，顶生或腋生，花两性，金黄色。双悬果卵状长圆形或圆柱形，两端较尖，长4.5~7毫米，宽1.5~3毫米，表面黄绿色至灰棕色，光滑无毛，顶端残留有2个长约1毫米的圆锥形柱头，成熟时分裂成二，稍弯曲，具5棱，有特异芳香气味。花期在5—7月份，果期在8—9月份，分批成熟。

小茴香成品以干燥、香气强烈、无杂为佳。

茴　香

习性，生长环境

茴香性喜温暖、湿润、阳光充足的环境，对土壤要求不严，一般土地均可种植，但在中等肥沃的地块上生长较好。

茴香原产于地中海地区，现我国各地均有栽培。

二、营养及成分

据测定，每100克小茴香主要营养成分见下表所列。另含有胡萝卜素，烟酸，维生素B_1、B_2，维生素C，多种微量元素，反式茴香脑，柠檬烯，水芹烯，茴香醇等。

成分	含量
碳水化合物	38.4克
纤维素	22.3克
粗蛋白	15.5克
水分	8.6克
粗脂肪	5.5克

三、食材功能

性味 味辛，性温。

归经 归肝、肾、脾、胃经。

功能 《新修本草》：“祛寒止痛，和胃理气。”

小茴香，理气驱寒，助阳道，温肝肾，暖胃气，散塞结，散瘀止痛。用于疝气痛、肾虚腰痛、胃气痛、腹痛、小腹冷痛，以及脾胃虚寒引起的白带多、痛经、阴囊水肿等病症的辅助治疗。

小茴香，有祛痰、平喘、抗菌、镇静、抗溃疡等作用；也具有良好的抑菌效果，对伤寒杆菌、肺炎球菌、大肠杆菌均有抑制作用。

四、烹饪与加工

因为小茴香的主要香味成分是茴香醛、茴香醚等，具有特异的芳香和微甜味，所以小茴香在烹饪中多用于去鱼腥、羊肉的膻味，用它炖羊肉，味香鲜美。又因为小茴香的挥发油中含茴香酮、茴香醛等，所以其能够产生特殊的香气，从而能提升人们的食欲，促使胃液的分泌，帮助肠胃对食物的消化和吸收。

五、食用注意

（1）小茴香味辛性温，阴虚火旺者慎服。

（2）食用时不宜煎煮时间过久。小茴香所含的茴香油极易挥发，食用时煎煮过久，会使治疗及食用功效减弱。

小茴香的传说

虎头山下的虎娃子娶了个贤惠媳妇，名叫萧茴香。她孝敬公婆，勤劳能干，人也长得俊美。可惜虎娃子没福气，娶亲没几个月得急病死了。

萧茴香起早贪黑地耕地，照顾年迈的公婆。邻居们都说，虎娃子的爹娘丢了个儿子，却捡了个好姑娘。受苦受累倒没有什么，最让她不安的是，虎娃子家几辈单传，到了虎娃子这辈断了香火。

公婆都是通情达理的人，看到萧茴香终日操劳，心里很是过意不去。萧茴香知道二老心思，一再表示自己要为公婆养老送终。

虎娃子过世一周年那天，萧茴香早早地来到亡夫坟前，摆好供品，烧了黄纸，想到一年来的艰辛和对虎娃子的思念之苦，跪在坟前放声悲哭。

萧茴香哭累了，准备清除坟上的杂草就回家。忽然发现坟上有棵甜瓜秧，上结一小瓜，黄黄的，散发着诱人的清香。萧茴香刚好口干舌燥，就摘下来吃掉了。

此后不久，萧茴香逐渐感觉到身体不适，经常反胃，吃不下东西，吃了就想吐。

萧茴香的异常变化引起了婆婆的注意。有一天她很谨慎地问萧茴香："你最近身体是不是不舒服？"

萧茴香点点头："是有点不舒服，直想吐。"

婆婆觉得浑身发冷，故作镇静地说："明天带你到东庄去看大夫。"

第二天一早，婆婆领着萧茴香来到诊所。老中医给萧茴香号了一会脉，笑着对婆婆说：“恭贺老人家，您媳妇有喜了。”

“你说啥?”萧茴香惊恐地瞪大了眼睛。

婆婆痛苦地抖动着嘴唇，一句话也不说，付了钱，拉着萧茴香就往家走。

回到家里，萧茴香跪在婆婆面前，流着眼泪指天发誓：“娘啊，请您相信我，我绝没有做见不得人的丑事，如果我说一句假话，天打五雷轰。”

婆婆悲伤欲绝哽咽着说：“你这些日子受了不少苦，婆婆不怪你。你回娘家去吧，我和你公公都一大把年纪了，丢不起这个人。”

萧茴香哀求婆婆让自己在家里再生活一段时间。但婆婆不再相信她，不管萧茴香说什么，始终不点头。

萧茴香只得给婆婆和公公各磕了两个响头，交代可靠的邻居好好照顾两位老人，才一步三回头地回了娘家。

萧茴香回娘家后，还经常托人带些吃的穿的给两位老人。

十来个月后的一天，萧茴香抱着和虎娃子长得一模一样的儿子回到婆家。她向公婆和乡亲们解释，自己确实没有做过伤风败俗的事。她回想了种种可能，觉得最大的可能是自己吃了小瓜以后才怀孕的。

萧茴香见说破嘴皮公婆也不相信，便将小儿送到婆婆怀里，含泪直往坟地奔去，一头撞死在虎娃子的碑上。第二年，在虎娃子与萧茴香合葬的墓上长出了小树，几年后又开出香喷喷的花。人们都说这是萧茴香的化身，从此，将这香花称为“小茴香”。

马齿苋

玉菡化生稚子，碧枝视现声闻。
马齿任藏汞冷，鸿头自胜硫温。

——《初秋闲记园池草木（其五）》（南宋）
范成大

一、物种本源

拉丁文名称，种属名

马齿苋（*Portulaca oleracea* L.），为双子叶植物纲、中央种子目、马齿苋科马齿苋属，一年生肉质草本植物。马齿苋又名马齿草、马齿菜、长寿菜、地马菜、长命菜、瓜子菜、马蛇子菜、儿头狮子草、酸苋、安乐菜、五行草、蛇草、酸味菜、马踏菜、猪母菜、马齿龙芽、五方菜、蚂蚁菜、长命苋等。

形态特征

马齿苋，茎平卧或斜倚，伏地铺散，多分枝，圆柱形，长10～15厘米，淡绿色或带暗红色。有黄花和白花两种类型，但黄花为多、白花少见。

马齿苋

习性，生长环境

马齿苋广泛分布在河岸、池塘、沟渠旁和山坡草地、田野、路边及住宅附近，几乎随处可见。其抗旱能力非同一般，它的茎可贮存水分，再生力很强，几乎可以在任何土壤中生长；并且相当耐阴，对温度变化也不敏感，10℃以上就可生长。

马齿苋原产于我国，是我国古老的常食野菜之一，除高寒地区外，我国大部分地区均有分布，尤以华东、华北、西南地区较多。另外，马齿苋在欧洲、南美洲、中东地带都有其野生型，但英国、法国、荷兰及美国以栽培种为主。

二、营养及成分

每100克马齿苋部分营养成分见下表所列。此外，其还含有大量去甲肾上腺素、钾盐及丰富的柠檬酸、苹果酸、氨基酸以及生物碱等成分。

成分	含量
糖类	3克
蛋白质	2.3克
粗纤维	0.7克
脂肪	0.5克
钙	85毫克
磷	56毫克
维生素C	23毫克
胡萝卜素	2.2毫克
铁	1.5毫克
维生素B_2	0.7毫克
维生素E	0.1毫克

三、食材功能

性味 味酸，性寒。

归经 归肝、大肠经。

功能 马齿苋大多用于治疗肠炎、急性关节炎、膀胱炎、尿道炎、肛门炎、痔疮出血等。在皖南地区，通常用其焯水晒干后的全株泡发做菜，供产后妇女食用，有利于产后恢复和排出湿气。

四、烹饪与加工

凉拌马齿苋

洗净的马齿苋切段，下开水煮1分钟，捞出来在冷水中冲过（用过的水可以用来洗浴，对痱子有治疗和预防效果），加适量盐腌半个小时后挤出水分，如果过咸就再过一次冷水，加芝麻油、糖、醋、葱之类的调料拌匀，就能食用了。

凉拌马齿苋

马齿苋滚鱼尾汤

马齿苋洗净，取嫩的部分摘短。草鱼尾洗净，抹干水，加入少许盐腌15分钟。烧热锅，下油2汤匙，放姜及鱼尾，煎至两面皆黄色铲起。放蒜蓉爆香，加入水适量烧滚，放草鱼尾，大火滚约5分钟，放马齿苋煮滚，慢火滚约10分钟，至马齿苋熟透，下盐调味即可。

酸辣马齿苋

宜选用鲜嫩马齿苋为原料，否则成品口感粗糙不易嚼烂。

整理清洗。去除菜根及菜根以上3厘米的部分，同时摘除较老枝叶，用水洗净沥干。

切段烫漂。将菜体切成3厘米小段，放入热水中烫漂软化，一般在90℃条件下烫漂60秒钟。

脱水干燥。烫漂后的料丝经冷却即可烘干或晒干，使菜体明显变软，含水在50%以下，烘干时温度不宜过高。

浸渍调味。料丝1000克的调味液配方为：白糖100克、辣椒5克、醋150克、料酒20克、盐12克、凉开水400克。先将辣椒切碎后水煮10分钟，再加入糖、盐，溶后加入醋、料酒，搅匀，制成调味液。把脱水料丝放入调味液中浸泡10天即可食用。

五、食用注意

（1）凡脾胃虚、腹泻便溏之人忌食。

（2）怀孕妇女，尤其是有习惯性流产的孕妇忌食，因马齿苋性属寒滑，食之过多，有滑利之弊。

太阳报恩

传说在上古之时，帝俊与羲和生了十个孩子都是太阳，他们住在东方海外，海中有棵大树叫扶桑。十个太阳睡在扶桑神树的枝条上，轮流跑出来在天空执勤，照耀大地。地上的人们日出而作，日落而息，生活过得美满幸福。

可是渐渐的，秩序乱了。有时候两个太阳一起出来，有时候三个太阳一同照耀大地，有时候一个太阳都不出来。后来，可怕的事情发生了，十个太阳竟然一起升上天空。这下子地上的人们可遭殃了，大地龟裂，草木皆枯，河水干涸，人类无法生存。

一名叫后羿的勇士，挺身而出。他张弓搭箭，先后射落九个太阳。最后那个太阳化作三足乌，藏在马齿苋下。后羿没有找到，而且天上也需要一个太阳，后羿便离开了。太阳也确实有心，为了报答马齿苋的救命之恩，始终不晒马齿苋。天旱无雨，别的植物都垂头丧气，没精打采，马齿苋却能开花结籽，生长旺盛。

这就是马齿苋又名“太阳草”“报恩草”的原因。

鱼腥草

陟彼越山，言采其蕺。
我思古人，中心悒悒。
维国有耻，吴弗遑粒。
胆于坐隅，霸勋以集。

——《采蕺（其一）》
（南宋）王十朋

一、物种本源

拉丁文名称，种属名

鱼腥草（*Houttuynia cordata* Thunb.），三白草科蕺菜属，又名蕺菜、侧耳根、鱼鳞草、臭菜、折耳根等，为植物蕺菜的新鲜全草或干燥地上部分。

鱼腥草花

形态特征

鱼腥草茎呈扁圆柱形，扭曲，表面棕黄色，具纵棱数条，节明显，下部节上有残存须根；质脆，易折断；叶互生，叶片卷折皱缩，展平后呈心形，先端渐尖，全缘；上表面暗黄绿色至暗棕色，下表面灰绿色或灰棕色；叶柄细长，基部与托叶合生呈鞘状。穗状花序顶生，黄棕色。

习性，生长环境

鱼腥草喜温暖湿润的环境，对土壤、水质的要求并不十分严格，在肥沃中性的土壤中生长发育良好。适宜生长的温度为15～35℃，10℃以下停止生长。

鱼腥草主要产于我国长江流域各省。其搓碎有鱼腥气，味微涩。

二、营养及成分

据测定，鱼腥草含有胡萝卜素、维生素C、绿原酸、棕榈酸、亚油酸、油酸、硬酸等，还含钾、钙、磷和微量元素锌以及β-谷甾醇、蕺菜碱、黄酮类化合物等。每100克鱼腥草主要营养成分见下表所列。

成分	含量
水分	87.3克
碳水化合物	6克
蛋白质	2.2克
膳食纤维	1.6克
脂肪	0.4克

三、食材功能

性味 味辛，性微寒。

归经 归肺经。

功能 鱼腥草具有消痈排脓、清热解毒、利尿通淋等功能，用于肺脓肿、痰热喘咳、热痢、热淋、痈肿疮毒等症的食疗辅助康复。

（1）提高免疫力。鱼腥草可以增强白细胞（WBC）的吞噬能力，提高血清备解素，在治疗慢性支气管炎时，鱼腥草素可使患者WBC对白色葡萄球菌的吞噬能力明显提高，血清备解素明显升高。

（2）抑菌作用。鱼腥草中提得一种黄色油状物，其中对各种微生物（尤其是酵母菌和霉菌）均有抑制作用，其中对溶血性的链球菌、金黄色葡萄球菌、流感杆菌、卡他球菌、肺炎球菌的抑制作用明显，对大肠杆菌、痢疾杆菌、伤寒杆菌也有抑制作用。

鱼腥草菜肴

(3) 抗病毒作用。用人胚肾原代单层上皮细胞组织培养，鱼腥草煎剂（1∶10）对流感病毒亚洲甲型京科68-1株有抑制作用，并能延缓埃可病毒型的复制。鱼腥草素的衍生物亦有较强的抗病毒作用。

(4) 利尿作用。用鱼腥草提取物灌流蟾蜍肾或蛙蹼，能使毛细血管扩张，增加血流量及尿液分泌，从而具有利尿的作用。

(5) 防辐射作用。鱼腥草是唯一一种能在原子弹爆炸点附近顽强再生的中药材。鱼腥草具有抗辐射作用和增强机体免疫功能的作用，且无任何毒副作用。

四、烹饪与加工

鱼腥草山楂饮

(1) 材料：鱼腥草、山楂、地骨皮、枇杷叶。

(2) 做法：鱼腥草洗净沥干水，与山楂、地骨皮、枇杷叶共入锅，加水适量，中火煎20分钟。

鲜鱼腥草根方

(1) 材料：鱼腥草、白糖。

(2) 做法：将鲜鱼腥草根洗净，放入锅内，加适量水，以武火烧沸后转文火煎成浓汁，去渣取汁。

(3) 用法：加适量白砂糖调味，分2次服用。

五、食用注意

(1) 体质虚寒及阴性外疡者忌食。

(2) 体质阴虚者尽量不要食用。

越王尝蕺草

当年越王勾践被吴王夫差捉去百般羞辱，幸亏他的臣子文种东奔西走想尽办法，才使他得以释放回国。勾践重返会稽，决心重整家园，报仇雪恨。

于是勾践卧薪尝胆，带领全国臣民发愤图强，一定要使越国变得强大起来，去对付吴国。可是天不遂人愿，回国的第一年，就碰上了个大荒年。旱灾完了又是涝灾，整个越国颗粒无收，老百姓连一点吃的东西都没有了。

勾践决心与全国百姓同甘共苦，他爬上王驾山，效仿神农尝百草，为百姓寻找可以吃的野菜。他在王驾山上亲尝草根，竟然三次中毒。左右的人都跪下来劝他："大王，您要保重身体啊，整个越国复兴的重担，都压在大王肩上。尝野菜的事，可以叫下人们去做。"

勾践听了摇摇头说："我是个无才无能的国君，把国家弄到如此不堪的地步。如今又碰上大灾荒，我不领头尝遍百草，这饥荒是度不过的。度不过饥荒，用不着吴国来攻打，越国自己就会灭亡。复兴越国的这副重担，我一人是担不起的啊!"王驾山上正在挖野菜的百姓们听了，泪落如雨，都很感动。

一夜大雨之后，王驾山上漫山遍野都长出了一种绿茵茵的小草。勾践拔起一尝，有些鱼腥味，却不涩不苦。煮一煮，还挺好吃的，于是就领着百姓割这种野草回去煮着吃。这种草很奇怪，割了之后很快又长了出来，越国上下竟靠着这小小野草，度过了饥荒。

勾践与百姓齐心协力，越国也逐渐强盛起来，终于打败了吴国，一雪前耻。人们也没忘记这种无名小草，因为有股鱼腥味，有人管它叫“鱼腥草”。也有人因为它曾帮助人们度过饥荒，便称呼它“饥草”（蕺草）。王驾山也打那时候起，被称为“蕺山”了。

香薷

紫金香薷望天南，南极仙杖落下凡。
心为济世挽沉疴，鹿鹤二童见亦难。

——《咏紫金香薷》（宋）高谷成

一、物种本源

拉丁文名称，种属名

香薷[*Elsholtzia ciliata*（Thunb.）Hyland.]，唇形科香薷属，为植物石香薷（*Mosla chinensis* Maxim）或江香薷（*Mosla chinensis* ‘Jiangxiangru’）的地上部分。又名香茅、香绒、石香茅、香茸、紫花香茅、蜜蜂草、细叶香薷、小香薷、小叶香薷、石艾、七星剑、夏月麻黄、香茹、香草等。

香 薷

形态特征

香薷，多年生草本，高30～100厘米，有香气。茎方形，被短柔毛，基部略带紫色，上部多分枝。叶对生，3～5羽状深裂，裂片条形或披针形，长1.5～2厘米，宽1.5～4毫米，两面被柔毛，下面具腺点。轮伞花序多花，集成顶生长2～13厘米间断的假穗状花序。

习性，生长环境

香薷多生于宅旁或灌丛中，海拔一般不超过2 500米。自中南欧经阿富汗，向东一直分布到日本，在美洲及非洲南部亦有野生。我国大部分地区有栽培，主产地为河北、江苏、浙江、江西、湖北、湖南等省。

二、营养及成分

每100克香薷主要营养成分见下表所列。据测定，另含有维生素A，维生素B_1、B_2，维生素C，维生素E，烟酸、钙、镁、钾、钠、磷及微量元素锰、锌、铜等，还含挥发油，油内主要为香荆芥酚、百里香酸及对聚伞花素和烯类等成分。

成分	含量
水分	87.8克
蛋白质	4.5克
碳水化合物	4.1克
膳食纤维	1.8克
脂肪	0.4克

三、食材功能

性味 味辛，性微温。

归经 归肺、脾、胃经。

功能 可发汗解表、和中利湿。可用于暑湿感冒、恶寒发热、头痛无汗、腹痛吐泻、小便不利等症的辅助治疗。

（1）抗病毒作用。香薷水煎剂1：20浓度时对埃可病毒11型有抑制作用。

（2）抑菌作用。本品挥发油对大肠杆菌、金黄色葡萄球菌有抑制作用。石香薷挥发油对金黄色葡萄球菌、脑膜炎双球菌、伤寒杆菌等有较强抑制作用。

香　薷

四、烹饪与加工

香薷刀豆粥

（1）材料：香薷、猪肝、刀豆、粳米、香油、黄酒、盐、葱 、姜适量。

（2）做法：温水发香薷，猪肝切成小丁。香薷浸出液沉淀，过滤备用。香油下锅烧热，放入刀豆、猪肝、香薷，煸炒后，再加黄酒、盐、葱、姜炒拌入味。粳米淘净，下锅加水，煮成稀粥后加炒好的香薷、刀豆、猪肝等，再煮片刻即可食用。

加工

香薷提取物可用于食品、固体饮料原料、代加工香薷液体饮料的原料、压片糖果原料、调味品等。

五、食用注意

（1）表虚自汗、阴虚有热者禁食。

（2）火盛气虚、阴虚有热者忌食。

香菇报恩

很久以前，太武山麓住着一位樵夫。他忠厚老实，吃苦耐劳。一天，樵夫上山砍柴，看见一条巨蟒在捕杀一只白兔。樵夫挥舞砍刀，从巨蟒口中救下白兔。

白兔得救后将樵夫引到一处山洞，这洞越走越宽，走着走着，忽见金玉满地，珍宝耀眼。一位银须白发的老翁满面笑容地对樵夫说："恩人，洞中的金银财宝任你挑选！"樵夫愣住了，不敢开口。老翁见樵夫老实，就说："你救了我的白兔，应得的！"樵夫说："您把这只白兔送给我吧！"老翁见樵夫这般恳切，便欣然答应了。

不料樵夫下山时绊了一块石头，摔得晕了过去。白兔见状，朝山洞方向连连磕头。不一会，彩云下降，老翁在云端用仙杖一点，白兔便化为少女。少女立即咬破自己的手指，将鲜血滴入樵夫的口中；又采来几株青草，放在口里嚼碎，贴到樵夫的伤口处。过了片刻，樵夫睁开双眼，没看见白兔，却只见一位面如桃花的少女。姑娘见樵夫醒过来，轻声细语地说："恩人，我是仙翁的侄女，名叫香菇，你就带我回家吧！"不久，两人便结成了夫妻。

香菇姑娘打柴做饭，绣花缝衣，样样在行。小两口相亲相爱，生活过得非常和睦。一传十，十传百，香菇的美名传到了一位恶霸员外的耳朵里。员外想强夺她为妾，便派爪牙登门威胁，被樵夫痛打了一顿。恶霸员外就买通县官，捏造个罪状诬告樵夫。

樵夫被发配充军，流落到一座孤岛。香茹眼泪都哭干了，她每天在太武山巅，遥望着丈夫所在的方向。有一天，心力交瘁的香茹不小心从太武山巅摔下，鲜血染遍了石壁。樵夫听到这个消息，历经千辛万苦，从孤岛逃回来。当他寻到香茹血洒之处，发现长出无数青翠幼苗，芳香扑鼻。为了纪念这位贤惠的姑娘，人们称这种草为太武香茹，也就是现在常用的中药香薷。

薄荷

薄荷花开蝶翅翻，风枝露叶弄秋妍。
自怜不及狸奴点，烂醉篱边不用钱。

——《题画薄荷扇》（南宋）陆游

一、物种本源

拉丁文名称，种属名

薄荷（*Mentha haplocalyx* Briq.），唇形科薄荷属，为植物薄荷的地上部分，是一种有特种经济价值的芳香作物。

薄荷植株

形态特征

全株青气芳香。叶对生，花小淡紫色，唇形，花后结暗紫棕色的小粒果。

习性，生长环境

薄荷对环境条件的适应性较强，喜阳光充足、温暖湿润的环境，根茎在5～6℃萌发出苗，植株生长的适宜温度为20～30℃，低于2℃时地上部分即枯萎，但地下根茎在−30～−20℃的温度下仍可安全越冬。

薄荷广泛分布于北半球的温带地区，我国各地均有分布。

二、营养及成分

薄荷具有医用和食用双重功能，主要食用部位为茎和叶，也可榨汁服。在食用上，薄荷既可作为调味剂，又可作为香料，还可配酒、冲茶等。每100克薄荷主要营养成分见下表所列。

水分	80克
蛋白质	6.8克
膳食纤维	4.2克
多不饱和脂肪酸	0.3克
饱和脂肪酸	0.1克

三、食材功能

性味 味辛，性凉。

归经 归肺、肝经。

功能 薄荷具有发汗解热、疏肝理气、利咽止痛、止痒等功效。它对身体有清凉的作用，所以还具有消炎镇痛、散风热的功效。薄荷可以疏肝解郁，比如我们常用的逍遥丸中就含有薄荷，通过薄荷的功效可以对身体进行良好的调理。

对于身体出现的呼吸道严重感染以及感冒、发热、皮肤瘙痒、便秘、高血压等症状，薄荷都有良好的调理和治疗作用。薄荷清凉的香气还具有缓解身体紧张情绪、帮助睡眠的作用。另外，薄荷对于胃溃疡病变也有良好的治疗和抗菌作用。但是以下情况应避免应用薄荷，比如身体是寒凉体质或者在哺乳期，以及身体出现阴虚发热或伴有肺虚咳嗽等表现，以免加重病情。

四、烹饪与加工

薄荷粥

（1）材料：大米50克、薄荷30克、金银花20克。

（2）做法：金银花、薄荷清洗一下，加水煎煮10～15分钟，去除药渣，再加入大米，煮至米烂即可。

（3）功效：清心怡神，疏风散热，增进食欲，帮助消化。

薄荷全草

鲜薄荷收割回后，立即曝晒，至七八成干时，扎成小把，继续晒干。

薄荷油

农村产区可采用水蒸气蒸馏法提取。蒸馏设备由蒸馏器、冷凝管、油水分离器3个主要部件组成。植株割下后，先把下部自然脱叶部分（无叶茎秆）铡掉，随后摊放于田间晒至半干以上再行蒸馏，这样既可减少蒸馏次数，节省燃料和人工，又可使出油速度加快，缩短蒸馏时间。

薄荷脑

将薄荷油放入铁桶内，埋入冰块中使温度下降至0℃以下，薄荷油便结晶成薄荷脑，再经干燥即得薄荷脑粗制品。一般薄荷油中含薄荷脑80%左右。

薄荷脑

五、食用注意

（1）怀孕期间的妇女应避免使用。又因薄荷有抑制乳汁分泌的作用，所以哺乳中的妇女也不宜多用。

（2）薄荷具醒脑、兴奋的效果，故晚上不宜饮用过多，以免造成睡眠困扰。

（3）阴虚发热、血虚眩晕者慎服薄荷；表虚自汗者禁服薄荷。

（4）薄荷煎汤代茶饮用，切忌久煮。

草原上的加勒布孜

薄荷在哈萨克语里叫作加勒布孜。相传很久以前，草原上有个非常了得的神医，任何疾病都难不倒他。有个庸医嫉妒神医渊博的知识，就琢磨出了一个阴损的招数。

这年深秋，庸医邀请神医的儿子吃饭。庸医端上香喷喷的山羊肉，神医的儿子不知其中有诈，就饱餐了一顿。可是庸医却不给神医儿子一点儿水喝，神医的儿子回到家口干舌燥，就喝了一大碗凉水。到了晚上，神医的儿子捂着肚子倒在了地上。原来，山羊肉性凉，肉中脂肪遇凉水会结块。

神医不知道儿子吃了什么，没见过此等病症。手忙脚乱，折腾了半天，儿子还是在哀号声中一命归西。

草原上的消息比风跑得还快。神医的医术从此受到人们的质疑。但神医没有被丧子之痛击垮，儿子下葬之前，神医解剖儿子的尸体。他发现儿子肠胃中有个拳头大小的硬疙瘩。神医不知硬块为何物，便将其带在腰间，四处打听化解硬物的方法。

有一年夏天，神医顶着炎炎烈日，跋涉了一整天，喉咙干得冒烟之际，前方没膝高的草丛中出现一眼泉水。神医喝了一通泉水，倒在草丛中睡了。睡梦中，神医闻到一股奇异的味道。一开始，神医被怪味熏得昏昏沉沉。不知不觉，他越闻越觉得舒服。醒来一找，原来怪味来自身下的野草加勒布孜。神医随手摸了摸腰间的硬物，他吃了一惊，加勒布孜竟然溶解了硬物。

神医感慨万千道："早一点发现加勒布孜，我的孩子就不会死了！"由此，草原上便流传开这样一个谚语："有加勒布孜的地方，人不会死。"这个谚语本意是薄荷能救人，后来又有了因为薄荷生长在水边，而哈萨克的牧民离不开水源的含义。

紫苏子

赤日厚地裂，百草殆立枯。
朝雨应所至，虽微念胜无。
力难兴禾黍，可以成嘉蔬。
岁暮有此望，带经且亲锄。
今兹五月交，盛阳消已徂。
汲汲愧老圃，仲尼云不如。
养生寄空瓢，虽乏未可虚。
正以营一饮，形骸如此劬。

——《种紫苏》（北宋）刘敞

一、物种本源

拉丁文名称，种属名

紫苏子[*Perilla frutescens*（L.）Britt.]，唇形科紫苏属，又名炒苏子、铁苏子等，为紫苏或野紫苏（*Perilla frutescens* var. acuta）的干燥成熟果实。

形态特征

紫苏子为直径15毫米左右的卵圆形或类球状的灰色果实，一般果实偏棕色或褐色。果实表面有隆起的网状纹路且基部比较尖。内部为黄白色，有油性的果仁，味微辛，压碎后有香味飘出。

习性，生长环境

紫苏是中国本土植物品种，在江苏、河南、安徽等省均有分布，一般常见于村野、路旁等阳光充足、土地肥沃且疏松之处，目前也有人工种植的紫苏。

紫　苏

二、营养及成分

紫苏子营养价值较高。经测定，紫苏子平均含油率约为30%，最高含油率约为45%，含油率取决于紫苏的产地。此外，紫苏种蛋白质含量约为17%，该蛋白为优质蛋白，含有8种人体必需氨基酸。利用紫苏子制作的植物油含有60%左右的α-亚麻酸、15%左右的亚油酸以及12%左右的油酸，且紫苏油中富含酯类、醛类、醇类等活性化合物。

三、食材功能

性味 味辛，性温。

归经 归肺经。

功能 中医辨证认为，紫苏子可以降气消痰、平喘、润肠，用于痰壅气逆、咳嗽、气喘、肠燥便秘等症状的治疗。《日华子本草》记载："主调中，益五脏，下气，止霍乱、呕吐、反胃，补虚劳，肥健人，利大小便，破症结，消五膈，止嗽，润心肺，消痰气。"

（1）预防结肠癌。根据日本和美国的研究，紫苏油可以有效降低结肠癌的发病率，因此可以作为食品配方，用于防癌食品的开发。

（2）对心血管系统的作用。紫苏油具有抗血栓、降血压等作用，可以用于心血管疾病的辅助治疗。这与紫苏子中含有的亚麻酸、油酸等不饱和脂肪酸有关。

四、烹饪与加工

凉拌紫苏

紫苏洗净，加生抽、醋、白糖、蒜末、麻油、白芝麻拌匀，即可食用。紫苏具有滋阴补虚、润肠通便的功效。

凉拌紫苏

姜杏苏糖饮

紫苏子、苦杏仁、姜及红糖各10克。苦杏仁去皮后与生姜、紫苏一起加水煮制20分钟后去渣留汁，加入红糖搅匀即可。此饮具有疏散风寒、宣肺止咳的功效。

紫苏子油

紫苏子含油量高，加工出油量约45%，远高于菜籽、棉籽等油料作物。其不饱和脂肪酸含量高，且酸价和碘价低，是一种优质的油脂。

紫苏子粕

榨油剩下的紫苏子粕含有大量的蛋白质，约为20%，可用于生产饲料。

五、食用注意

（1）脾胃虚弱者慎服。

（2）肺热痰黄、痰中带血者，忌服。

华佗与紫苏

重阳节，一群富家子弟在酒舍里比赛吃螃蟹。

华佗（约145—208）带着徒弟来吃饭，看到那伙少年疯了似的比赛吃蟹，便好心劝说道："螃蟹性寒，不可多吃。"

少年们很不高兴："我们吃自己花钱买的东西，谁听你的管教！"华佗说："吃多了准闹肚子，那时可有生命危险啊！"

"别在这儿吓唬人！我们就是吃死了又关你何事！"这些少年根本不听劝告，继续大吃大喝。有的还嚷道："咱们吃咱们的，馋死那个老头子！"华佗看他们闹得实在不像话，就对老板说："不能再卖给他们啦，会闹出人命的。"

酒舍老板把脸一板，说："先生少管闲事，别搅了我的生意！"

华佗叹息一声，只好坐下吃自己的饭。等到半夜，那伙少年突然大喊肚子疼。酒舍老板吓呆了，急忙问：

"你们是怎么啦？"

"疼坏了，快帮我们请个医生来吧！"

"这半夜三更的上哪请医生去？"

"求求老板行个好，不然，我们的命就难保啦！"

这时，华佗走过来说："我就是医生。"

这不就是那位不让多吃螃蟹的老头儿么？少年们也顾不上面子了，一个个捧着肚皮哀求："请先生给治治吧！"

"你们刚才不是说不让管吗？"华佗说。

"大人不记小人过，求先生发发善心救救我们，要多少钱都好说。"

"我不要钱。"

"那要别的也行。"

“你们要答应一件事！”

“别说一件，一千件、一万件也行。您快说什么事吧？”

“今后，你们得听老人劝告，再不准胡闹！”

“一定，一定。您快救命！”

华佗带着徒弟到野外采了些紫草的茎叶回来，煎汤给少年们喝下。过了会儿，他们的肚子都不痛了。

华佗心想：这种药草还没名字，病人吃了它确实会感到舒服，今后就叫它“紫舒”吧！

少年们千恩万谢，告别华佗回家了。华佗又对酒店老板说：

“好险啊，你以后千万不能光顾赚钱，不管人家性命啊！”

酒舍老板连连点头。

华佗离开酒舍。徒弟问道：“这紫草叶子解蟹毒出自什么医书？”华佗告诉徒弟，这是他从动物那儿学来的。

有年夏天，华佗在江南一条河边采药，看见一只水獭逮住条大鱼。水獭吞吃了很长时间，肚皮撑得像鼓一样，难受极了。它就一直不停地来回折腾，后来爬到岸边一片紫草旁边，吃了些草叶，又躺了会儿竟没事了。华佗心想，鱼类属凉性，紫草属温性，紫草准可以解鱼毒。

后来，华佗把紫草的茎叶制成丸和散。他发现这种草药还具有散表的功能，可以益脾、利肺、理气、宽中、止咳、化痰，能治很多病症。

这种药草是紫色的，吃到腹中很舒服，华佗给它取名叫“紫舒”。后来人们把它叫作“紫苏”，大概是音近的缘故弄混了。

桑叶

一年两度伐枝柯，万木丛中苦最多。
为国为民皆是汝，却教桃李听笙歌。

——《桑》（明）解缙

一、物种本源

拉丁文名称，种属名

桑叶，为桑科植物桑（*Morus alba* L.）的叶子，也是蚕的食物。桑叶又名黄桑叶、荆桑等。

形态特征

桑叶一般为完整叶片或呈宽卵形状，宽约10厘米，长约15厘米，叶柄长约4厘米，叶片基部为心脏形，边缘有锯齿，顶端微尖，叶脉密生白柔毛。老叶较厚呈暗绿色。嫩叶较薄且呈黄绿色，质脆易，握之扎手，且气淡，味微苦涩。

桑叶也有好多种，叶花而薄名为鸡桑，叶子大如掌而厚名为白桑，叶尖而长名为山桑，先葚而后叶名为子桑。

桑 园

习性，生长环境

桑树喜光，对气候、土壤适应性都很强。耐寒，可耐−40℃的低温，耐旱，耐水湿，也可在温暖湿润的环境中生长。喜深厚疏松肥沃的土壤，能耐轻度盐碱（0.2%）。抗风，耐烟尘，抗有毒气体。根系发达，生长快，萌芽力强，耐修剪，寿命长，一般可达数百年，个别可达数千年。

桑树在我国南北各地均有广泛种植，桑叶产量十分丰富。

二、营养及成分

据测定，桑叶含蜕皮甾酮、羽扇豆醇、牛膝甾酮以及微量异槲皮素、芸香苷、β-谷甾醇、桑苷、东莨菪素、芳樟醇、苯甲醛、东莨菪苷、丁香酚、胆碱、苄醇、丙酮、胡卢巴碱、丁胺、腺嘌呤、绿原酸、延胡索酸、叶酸、内消旋肌醇、多种氨基酸、甲酰四氢叶酸、铜、锌，还有植物雌激素和维生素等。

三、食材功能

性味 味甘、苦，性寒。

归经 归肺、肝经。

功能 《神农本草经》："疏风散热，清肺润燥，清肝明目。"

中医认为，桑叶凉血燥湿，清肺泻胃，祛风明目，既能消泄肝火，又能疏散风热，故对发热咳嗽、风热袭肺或干咳无痰、燥热伤肺，以及肝火上炎或目赤肿痛、风热上攻等症的康复有益并且是收汗之妙品。

桑叶有降血糖、抗病原微生物、降血压、利尿、抗炎作用，对伤寒杆菌、金黄色葡萄球菌、乙性溶血性链球等多种致病菌有抑制作用。

（1）抑菌作用。鲜桑叶煎剂体外实验，对乙型溶血性链球菌、金黄色葡萄球菌、炭疽杆菌和白喉杆菌均有较强的抗菌作用，对伤寒杆菌、大肠杆菌、绿脓杆菌、痢疾杆菌也有一定的抑制作用。

（2）降血糖作用。桑叶中的脱皮固酮类对由于四氧嘧啶造成的大鼠糖尿病，以及由胰高血糖素、抗胰岛素血清和肾上腺素引起的小鼠高血糖有显著的降血糖作用。同时，桑叶中一些氨基酸也能刺激胰岛素的分泌，从而起到降血糖的作用。

四、烹饪与加工

桑叶鲫鱼汤

桑叶鲫鱼汤

（1）材料：桑叶、鲫鱼、食盐、生姜、熟肚丝、生抽、食用油。

（2）做法：将新鲜桑叶用盐水浸泡30分钟，漂洗干净；鲫鱼洗净，煎熟，加开水煮开后改小火煮15分钟；加入新鲜桑叶、姜片、熟肚丝，改大火再煮7至8分钟，最后加入盐和生抽调味即可。

五、食用注意

桑叶性寒，脾虚泄泻者不宜服用。

桑叶治咳嗽

很多年以前，在药山东北面的深山老林里住着娘儿俩。儿子叫达木，老实厚道，对母亲非常孝顺。娘儿俩常年靠种地打柴为生，日子过得也算不错。

有一年，几场秋雨过后，母亲突然病倒了，躺在炕上，头晕目眩，干咳不止。达木翻山越岭到处弄药，给母亲治病，可母亲的病情没有丝毫好转，达木十分着急。

一天，达木听说药山上青华观的老道能治病，打算背母亲去医治。可是路途太远，母亲怕累坏儿子，说什么也不去。达木只好自己去问医。

达木临去药山前，烧好一盆开水留给母亲喝，竟忘了盖上盖，就急急忙忙地走出了家门。

过了几个时辰，老太太感到口渴，想去喝点开水。她慢慢地来到盆前一看，水里泡着几片树叶，便自言自语地说："唉，秋风刮落叶，都刮到盆里来了。"说着，她把树叶拣了出去。老太太喝完冷开水，就在炕上躺下，不一会，就迷糊着了。一觉醒来，她感觉头痛减轻了，身上也舒服了，活动活动之后，下地又喝了一碗水。太阳快要落山了，天边出现了一片片火烧云，把大山映照得红彤彤的，格外好看。这时，没有找到老道的达木累得满头大汗，急匆匆地跑回家来，一进门就问：

"妈妈，怎么样了？"

"这阵子很好，头脑清醒多了。"

第二天早晨，母亲老早就起来，达木问她怎么回事儿。母亲说病好多了，想起来下地走一走。达木一听感到纳闷儿，向母亲问道："妈，你昨天吃什么药了吗？"

"没有，我就喝开水。那水盆你没盖上盖儿，被风刮进几片咱家台上的桑树叶子。"

达木听了，猛然想起，昨天忘把开水盆盖上。这时候，他暗暗地琢磨：是不是这桑树叶子有药的作用，能够治母亲这种病呢？寻思来寻思去，觉得有点奇怪。不管怎么的，妈妈的病情见好就行。

吃过早饭，达木又给母亲烧好开水，便去桑树上摘下几片叶子放到盆中浸泡。然后，他又去药山青华观拜见老道士。

达木到了青华观，向老道士说明来意。老道士询问了达木的住处、他母亲的病状，给了达木几片被霜打过的桑叶。

达木十分高兴，回到家里，按着老道士的方子，在自家的桑树上摘下霜打的叶子，精心地熬起药汤来。

就这样，几天便把母亲的病治好了。娘儿俩非常感谢药山的老道士。

桑葚

南风送暖麦齐腰，桑畴葚正饶，
翠珠三变画难描，累累珠满苞。
蚕事毕，养新条，罗敷闲更娇。
鸣鸠两两扈交交，双飞斗影高。

——《阮郎归·桑葚》
（清）叶申芗

一、物种本源

拉丁文名称，种属名

桑葚又名桑果、桑枣、葚子等，为桑科植物桑（*Morus alba* L.）的成熟果实。

形态特征

桑葚多数密集成一卵圆形或长圆形的聚花果，由多数小核果集合而成，呈长圆形，长2~3厘米，直径1.2~1.8厘米。初熟时为绿色，成熟后变肉质，黑紫色或红色，种子小，花期为3—5月份，果期为5—6月份。桑葚也会出现黄棕色、棕红色至暗紫色（比较少见的颜色是成熟后呈乳白色），有短果序梗。小核果卵圆形，稍扁，长约2毫米，宽约1毫米，外具肉质花被片4枚。气味微酸而甜。

习性，生长环境

桑树喜阳光充足，气候温暖和湿润的环境，在肥沃湿润及稀且稍带

桑　葚

黏性的土质中生长良好。桑树原产中国中部，有约4 000年的栽培史。栽培范围广泛，东北自哈尔滨以南，西北从内蒙古南部至新疆、青海、甘肃、陕西，南至广东、广西，东至台湾，西至四川、云南都有分布，以长江中下游各地栽培最多。垂直分布大都在海拔1 200米以下。

二、营养及成分

桑葚含有大量的水分（80%~85%），还含有胡萝卜素、芦丁、杨梅酮、桑色素、芸香苷、鞣质、花青素（主要为矢车菊素）、挥发油、磷脂、白藜芦醇、微量元素等成分。其中微量元素钼的含量为4.6微克/千克，为百果之首。含有18种氨基酸，其中包括8种人体必需氨基酸。每100克桑葚部分营养成分见下表所列。

成分	含量
碳水化合物	9.2克
游离酸	1.9克
维生素C	1克
粗纤维	0.9克
蛋白质	0.4克
维生素B_1	53毫克
维生素B_2	20毫克

三、食材功能

性味 味甘、酸，性寒。

归经 归肝、肾经。

功能 有滋阴补血、明目生津、润肠的功效，可用于治疗眩晕耳鸣、心悸失眠、须发早白、津伤口渴、内热消渴、血虚便秘等症。以下为几种中药良方：

（1）治心肾衰弱不寐或习惯性便秘。鲜桑葚30～60克，水适量煎服。（《闽南民间草药》）

（2）治烫火伤。用黑熟桑葚子，以净瓶收之，久自成水，以鸡翎扫敷之。（《百一选方》）

（3）治瘰疬。桑葚，黑熟者2斗许。以布袋取汁，熬成薄膏，白汤点1匙，日三服。（《保命集》文武膏）

桑葚的主要功能：

（1）提高免疫力。桑葚具有增强机体免疫功能的作用。实验表明，用浓度10%的桑葚鲜果或鲜果原汁喂养小鼠，可有效提高免疫低下小鼠的脾脏系数并拮抗氢化可的松对小鼠的免疫抑制作用，使小鼠体内的血清溶血素含量、吞噬指数、巨噬细胞吞噬率恢复正常的水平。

（2）补肝益肾。中医认为，肝主藏血、肾主生髓，是人体能量储存基地。桑葚性味甘寒，具有补肝益肾的功效。夏天可饮用桑葚汁，不仅可补充体力，还可提高性生活质量。

（3）防脱生发。桑葚有增加皮肤、头皮血液供应，改善血液循环的作用，因此对于头发有一定的营养和保健作用。很多时候，脱发都与头皮的血液循环不畅有一定的关系，桑葚能有效防脱生发。

（4）促进消化。桑葚具有生津止渴、促进消化、帮助排便等作用，适量食用能促进胃液分泌，刺激肠蠕动及解除燥热。

四、烹饪与加工

桑葚的烹饪方式多种多样，以下列出几种。

桑葚粥

（1）材料：桑葚30克（鲜桑葚用60克），糯米60克，枸杞子、山药、红枣、冰糖适量。

（2）做法：将桑葚洗干净，与糯米同煮，待煮熟后加入枸杞子、山药、红枣、冰糖等。此粥中的枸杞子、桑葚能补肝肾，山药、红枣健脾胃。视力疲劳者如能每日早晚两餐，较长时间服用，既能消除眼疲劳症状，又能增强体质。

桑葚粥

桑葚酒

（1）材料：新鲜桑葚、冰糖、米酒适量。

（2）做法：桑葚择洗干净，晾干水分。在罐中一层桑葚一层冰糖，然后倒入米酒，放置一个月即可食用。桑葚酒具有滋补、养身及补血之功效。

随着现代食品新型加工技术的兴起，桑葚相关产品有了较大的突破。

（1）桑葚乳酸饮料：将桑葚榨汁，通过和酸奶进行混合，生产出风味独特、营养丰富的饮料。

（2）桑葚果汁复合型饮料：通过将桑葚汁和其他一些果汁进行混合，使其有更好的营养价值和口感。

五、食用注意

（1）不宜大量食用桑葚，因为桑葚中含有胰蛋白酶抑制物质，如果食用过多，会导致肠道内消化酶的活性减弱，尤其是胰蛋白酶，从而造成血性肠炎的现象，部分人会出现头晕、流鼻血的情况。

（2）脾胃虚寒的人不建议吃桑葚，容易给胃带来一定的刺激，严重的可引起腹痛、腹泻等问题。

（3）不建议桑葚与海鲜搭配在一起食用，因为桑葚中含有糅酸，而海鲜中的蛋白质含量较大，糅酸和蛋白质结合会降低食物的营养价值，还会造成肠胃消化不良。

刘秀与桑葚

西汉末年，王莽篡位，汉朝宗室刘秀在南阳起兵，讨伐王莽，立志恢复汉朝刘家天下。

在幽州附近，刘秀被王莽手下大将苏献杀得大败，当从战场上逃出来的时候，只剩下自己孤零零的一个人。刘秀胸前受了刀伤，左腿中了一支毒箭。正当他拔出毒箭、包扎完伤口、想坐下来歇歇的时候，后边又传来了“抓住刘秀，别让刘秀跑了”的喊声。

刘秀一听，吓得赶紧躲进了前面不远处的一片树林里。追兵过去了，可刘秀明白，这里离敌人的营寨很近，自己没有马匹兵刃，身上又有伤，出去就会被抓住，最好先找个安全的地方藏起来。想到这儿，他忍着疼痛向前走去。

走着走着，发现前边有一座废弃的砖窑，看看四周无人，便走了进去。

这座砖窑已废弃多年，刘秀走进去后仔细地查看了一下，确认这里安全，才找了个地方坐了下来。也许是太疲劳了，也许是箭毒发作了，刘秀一坐下就晕了过去。一天，两天，三天……

等到刘秀再次睁开眼睛的时候，已是兵败后第七天的夜里。刘秀浑身无力，又饥又饿，他忍着伤痛，爬出了窑门，向着不远处的几棵大树爬去。

当他爬到那棵长着硕大树冠的大树下的时候，再也爬不动了，就仰面躺在树下。

正值5月中旬，一阵轻风吹过，那棵树上熟透的果实三三两两地掉落下来，猛然间，一颗落入刘秀口中。刘秀不知何物，想吐出来，可是已经晚了，那颗果实在刘秀的口中融化开来，甜甜的，香香的。就这样，刘秀白天在窑里避难，晚上出来捡些果实充饥，大约过了20天，刘秀胸前的刀伤好了，腿上的箭毒肿痛也消了，身体已渐渐恢复了健康。

正当他想出去寻找队伍的时候，他手下的大将邓羽也带人找到了这里。刘秀问邓羽："这棵树叫什么名字?"邓羽说："这棵树是桑树，它左边的那棵叫椿树，右边的那棵叫大青杨树，您吃的是桑树上结的果实，叫桑葚儿。"刘秀点了点头说："一旦恢复汉室，我定封此树为王。"

十年之后，刘秀果然推翻了王莽，做了皇帝，但封树一事却早已忘记。

一日梦中，忽有一老者向刘秀讨封。刘秀醒来之后猛然想起当年之事，随即命宦官带了圣旨前去封这棵桑树。谁知那宦官到了桑林之后，被那夏日的桑林美景迷住，走走停停，直到黄昏才想到怀中的圣旨，可竟忘了刘秀向他描述的那棵树的形状和名称，只是隐约记得有三棵树，树干笔直，果实香甜。

此时的桑树果实已经采摘完了，只有椿树的果实正招摇地挂在枝头。那太监想也不想，对着椿树便打开圣旨，读罢圣旨就匆匆离去。

这正是桑树救驾，椿树封王，气得桑树破肚肠，旁边笑坏了傻青杨。

荷叶

碧圆自洁。向浅洲远渚，亭亭清绝。犹有遗簪，不展秋心，能卷几多炎热。鸳鸯密语同倾盖，且莫与、浣纱人说。恐怨歌、忽断花风，碎却翠云千叠。

回首当年汉舞，怕飞去漫皱，留仙裙折。恋恋青衫，犹染枯香，还叹鬓丝飘雪。盘心清露如铅水，又一夜、西风吹折。喜静看、匹练秋光，倒泻半湖明月。

——《疏影·咏荷叶》（南宋）张炎

一、物种本源

拉丁文名称，种属名

荷叶，为睡莲科植物莲（*Nelumbo nucifera* Gaertn.）的叶子，又有莲叶、藕叶等之称。

形态特征

荷叶多折成半圆形或扇形，展开后类圆盾形，直径20～50厘米，全缘或稍成波状。上表面深绿色或黄绿色，较粗糙；下表面淡灰棕色，较光滑，有粗脉21～22条，自中心向四周射出，中心有突起的叶柄残基。质脆，易破碎。

习性，生长环境

莲是睡莲科具根茎的多年生水生植物，喜温喜水，但是水不能够浸没荷叶；且水的温度不能低于5℃。当水温在8～10℃时藕开始萌发，温度达到14℃时藕鞭开始长出，温度在23～30℃时藕的生长速度加快，这时立叶和花梗抽出，并且开花。莲在生长期阳光必须充足，要求在水深50～80厘米且水流速度较小的浅水区生长。莲适宜生长于肥沃且含有机质多的微酸性的黏土当中。亚热带和温带地区都有荷叶的分布。我国莲的栽培历史非常悠久，可以追溯到3 000年之前，在我国辽宁、浙江等地发现了碳化的古代莲子，说明其悠久的历史。荷叶在中国被用作经济作物、观赏植物栽培。

二、营养及成分

荷叶中含有蛋白质、维生素C、脂肪、碳水化合物、胡萝卜素、维生素B_1、烟酸等物质，同时还含有铁、钙、磷等多种元素以及黄酮类化合物，还包括多种生物碱，例如荷叶碱、亚美罂粟碱、原荷叶碱、N-去甲基荷叶碱等。此外，荷叶中还含有荷叶苷、槲皮素、异槲皮苷以及酒石酸、苹果酸、草酸及琥珀鞣质。

三、食材功能

性味 味苦，性平。

归经 归肝、脾、胃经。

功能 《中华人民共和国药典》（2015年版）中记载：荷叶清暑化湿，升发清阳，凉血止血。用于暑热烦渴，暑湿泄泻，血热吐衄，便血崩漏。荷叶炭收涩，化瘀止血，用于出血症和产后血晕。

（1）降血脂作用。有研究结果表明，荷叶提取物可以在一定程度上降低小鼠血清总胆固酸（TC）、甘油三酯（TG）、低密度脂蛋白胆固醇（LDL-C）的水平，而对于小鼠血清高密度脂蛋白胆固醇（HDL-C）水平没有显著性的影响；高剂量的荷叶提取物对于小鼠血清TC、TG、

荷　叶

LDL–C水平的改善与血脂康胶囊相当，因而荷叶具有降低血脂的功效。

（2）减肥作用。荷叶茶含有大量纤维，能促进大肠蠕动，帮助排便，从而排除毒素。此外，荷叶茶中含有的芳香化合物可以有效溶解脂肪，防止脂肪在身体内堆积。

四、烹饪与加工

荷叶在传统工艺上多为药用，经查阅，有以下几种常见配方。

荷叶散

治疗产后恶露不下，腹中疼痛，心神烦闷等症状，配方为：称取干荷叶60克，鬼箭羽30克，桃仁15克（汤浸，去皮、尖、双仁，麸炒微黄），蒲黄30克，刘寄奴30克，上药捣筛为散。每服9克，生姜4克，生地黄7.5克，拍碎后，一起煎至180毫升，不计时候，当汤药稍微热的时候服下。（《太平圣惠方》）

治山岚瘴气，痰滞呕逆，时发寒热：干荷叶（大者）1片，砒霜（研）1分，绿豆半两，甘草1分（炙）。每服半钱，冷水调下。吐出痰效。（《圣济总录》）

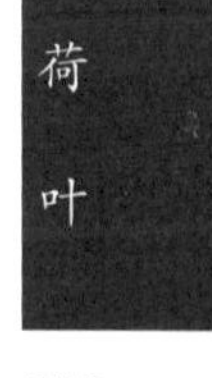

荷叶汤

治漆疮：荷叶（燥者）1斤，以水1斗，煮取5升，洗了，以贯众末掺之，干则以油调涂。（《圣济总录》）

荷叶的烹饪与加工列出以下几种。

荷叶包饭

（1）材料：大米200克，糯米50克，火腿20克，香菇20克，玉米20克，胡萝卜20克，

荷叶包饭

虾米，牛肉酱、葱、姜、蒜、食用油、盐、鸡精适量。

（2）做法：糯米提前一小时泡好，然后和大米一起淘洗干净，放入电饭煲内蒸。电饭煲转保温之后焖10分钟。蒸好的米饭在电饭煲内搅拌松散。另起锅下食用油，加入牛肉酱、姜、蒜翻炒，然后加入白米饭搅拌炒动。再将配菜也一起放进去，翻炒均匀。依次放入调味料，撒上葱花，包裹进洗净的荷叶里压紧系绳，上锅蒸15分钟即可。

鲜荷叶粉蒸肉、荷叶鸡、荷叶蒸鸭

此类菜品伏天食用具有一定的防暑功效。荷叶的清香也可缓解肉的油腻。

荷叶柚子复合碳酸饮料

先将柚子皮切块，进行熬煮，待柚子皮呈半透明状，捞出后冷却。然后熬制干制荷叶，去除荷叶渣，得荷叶水。将煮过的柚子皮放入荷叶水中再次熬煮，得到柚子皮荷叶水。再向其中加入适量的白砂糖、柚子汁、柠檬汁，最后加入气泡水。

五、食用注意

（1）脾虚寒泻者忌服。

（2）体瘦气血虚者慎用。

荷叶包饭的由来

说起古人吃"荷叶包饭"，还有一段故事。

公元557年，陈霸先（503—559）建立起陈朝，史称陈武帝。同时，北方出现北齐和北周两个并立的封建王朝。北齐为了扩张势力，派出大军向南陈进攻。

陈霸先称帝之后面临内外交困的形势。大敌当前，陈霸先暂时采取了一些缓解内部矛盾的措施，加紧整顿兵力对付来自北方的入侵者。一时间，建康军民同仇敌忾，士气高昂，在京口与入侵的北齐恶战了一场。

当时北齐以7万兵马进攻京口并将之团团围住。陈霸先率兵镇守京口背水死守，双方对峙了一个多月。旷日持久的战争，使军中粮食短缺，炎炎似火的盛夏，更让士兵们不堪暑热。

这时正值荷叶满塘，陈朝民众争相以荷叶包饭，夹放鱼肉，以此接济陈军，慰劳将士。碧绿的荷叶裹上软润爽鲜的饭团，荷叶的香气浸透其中，清淡爽口，令人食欲大振，暑溽皆忘。军心因此大振，于是，陈霸先一举打败北齐大军。

荷叶自此开始入药，荷叶包饭也开始流传。明朝文人王士性在《广志绎》中记载："郡少珠玑，以亥日为市……以荷叶包饭而往，谓之趁圩。"明代以后，这种清暑美食已传到繁华圩镇和都市。如《红楼梦》中的贾府每到暑月来临时，常服荷叶羹以清热解暑。

莲子

蜂不禁人采蜜忙，荷花蕊里作蜂房。
不知玉蛹甜於蜜，又被诗人嚼作霜。

——《食莲子》（南宋）杨万里

一、物种本源

拉丁文名称，种属名

莲子，睡莲科莲（*Nelumbo nucifera* Gaertn.）属，是植物莲的成熟种子，又名莲蓬子、莲心、莲实、莲米、藕实等。

形态特征

莲子质地坚硬，种皮薄且难剥离，内有绿色莲子心。

习性，生长环境

我国栽培莲的历史悠久。根据采收季节的不同，以秋分为界，莲可分为伏莲、秋莲，且伏莲品质优于秋莲。根据皮色不同，莲又可分为白莲和红莲。莲在全国多地都有种植，其中以湖南“湘莲”、江西“通心莲”和福建“白莲”最为出名，并称我国三大名莲。

莲 蓬

莲子生命力极强。成熟莲子埋藏几百年甚至上千年后，合适条件下仍能萌芽生长。据报道，在沈阳古代泥岩中挖掘出的5 000年前的莲子，用水浸泡后仍可抽芽生长。

二、营养及成分

莲子中，淀粉的含量最高，占60%左右，还含有芸香苷和莲子碱等成分。莲子中磷和钙的含量也比较高。此外，莲子中的其他保健成分还包括磷脂、生物碱和类黄酮等。每100克莲子主要营养成分见下表所列。

成分	含量
淀粉	60克
碳水化合物	17.3克
蛋白质	4.1克
脂肪	0.5克
饱和脂肪酸	0.1克
磷	168毫克
钙	44毫克

三、食材功能

性味 味甘、涩，性平。

归经 归脾、肾、心经。

功能 中医认为，莲子有清心养胃和养心益肾等功效，主要用于遗精、滑精、尿频、白带过多、食欲不振、心悸等病症的辅助治疗。《本草纲目》记载，莲子具有“补心肾，益精血，强筋骨，利耳目”的功效。此外，莲子心具有清热养神和降血压等功效，可用于失眠、高血压等病症的辅助治疗。

（1）降血糖作用。研究发现，莲子能明显降低糖尿病患者的血糖，说明莲子具有控制血糖的作用。科学研究还发现，莲子对糖尿病患者胰岛素水平也有显著影响。

（2）抗衰老作用。莲子中的酚类物质、多糖等都具有清除自由基的功能，因此具有抗衰老作用。

（3）调节胃肠的作用。莲子发酵产物对胃肠蠕动具有调节作用，可缓解便秘，促进肠道吸收；还可以增强肠道免疫功能，保护胃肠黏膜。

四、烹饪与加工

莲子是药食两用食材，吃法很多，现介绍几种常见的烹饪方法。

冰糖莲子

以冰糖和莲子为主要原料，莲子去皮去心后泡发，加水与冰糖同蒸即得。

莲子粥

莲子去皮去心，与大米一同熬制，出锅加适量白糖调味。

莲子粥

莲子百合绿豆汤

莲子去皮去心，洗净泡发，与绿豆、百合同熬即可。

莲子百合绿豆汤

莲子饮料

莲子浸泡两次后进行破碎，经粗磨、过滤、调配（加入了蔗糖脂肪酸酯）、灌装等工序，得到色泽乳白、甜度适宜、清香爽口的莲子汁饮料。

膨化莲子粉

利用挤压膨化技术对莲子进行处理，制成膨化莲子粉。膨化莲子粉用途广泛，可用于多种保健功效的莲子产品。

五、食用注意

（1）莲子需去心食用。莲子心性寒，伤脾胃。

（2）新鲜莲子不可多吃，对脾胃不好。

白藕与莲花

远古时候，八百里洞庭只有白茫茫的一片水，没有鱼虾，没有花草。相传有一个美丽而善良的莲花仙子，在湖边遇上了一个叫藕郎的小伙子，他们在洞庭湖过起了美满的凡间生活。

不料，这件事被天帝知道了，天帝大发雷霆，派天兵天将前来，要将莲花仙子捉拿问罪。

莲花仙子只得到湖里躲起来，临别时，她将一颗自己精气所结的宝珠交给藕郎。几天后，藕郎被天兵捉住，就在天兵挥刀向他脖子砍来的一刹那，他咬破了宝珠，吞进腹中。虽然，藕郎被砍得身首两节，但刀口处留下细细白丝，刀一抽，那股白丝就把头颈又连接拢来。天帝赐下法箍，箍住藕郎的脖子投入湖中，谁知藕郎沉入湖底泥中后，竟落地生根，长出又白又嫩的藕来。

莲花仙子得知藕郎化成了白藕，自己也沉入湖底。当天帝亲自带兵赶到洞庭湖时，水面上突然伸出来一片伞状的绿叶，一枝顶端开着白花的花梗，不一会长出一个莲蓬来，上面长满了一颗颗珠子。天帝见状，忙下令挖掉它。可是，挖到哪里，荷叶就绿到哪里，莲花和白藕也长到哪里。天兵天将挖遍了洞庭湖，红莲、白藕、青荷同时也长遍了洞庭湖，气得天帝只好收兵。

从此，白藕和莲花在洞庭湖安家了，他们年年将藕和莲子奉献给这里的人们。

芡实

一塘蒲过一塘莲，荇叶菱丝满稻田。
最是江南秋八月，鸡头米赛蚌珠圆。

——选自《由兴化迂曲至高邮七截句（其六）》（清）郑板桥

一、物种本源

拉丁文名称，种属名

芡实，睡莲科芡（*Euryale ferox* Salisb.）属，为植物芡的成熟种仁，也叫鸡头实、鸡头米。芡为一年生水生草本，又名鸡头莲。

形态特征

芡全株多刺，叶浮于水面，呈圆盾形或盾状心形，上面多皱褶，边缘向上折呈浅盘状，表面绿色，背面紫色，脉上具刺。花梗伸出水面，顶生1花，紫红色昼开夜合；萼片4，宿存，内紫外绿；花瓣多数；子房8室，嵌入膨大的花托中，柱头圆盘形。果实如鸡头，外被尖刺，内呈海绵状，内有种子20～100粒，种子球形，种皮坚硬，假种皮肉质，胚乳白色粉质。

一般在秋末冬初采收芡的成熟果实，依次去除果皮和种皮，得到的白色种仁即为芡实。

芡实果

习性，生长环境

植物芡喜温暖、阳光充足，不耐寒也不耐旱。适宜生长在水面不宽、水流动性小、水源充足、能调节水位高低、便于排灌的池塘、水库、湖泊和大湖湖边。要求土壤肥沃，含有机质多。

芡实原产于东南亚，目前在我国各地都有种植，主产地为山东、湖南、湖北、江苏等地。

二、营养及成分

芡实富含碳水化合物，占总重的75%左右，其中70%左右是淀粉。芡实中蛋白质的含量也很高，有的品种中蛋白质含量占总重的10%左右；其蛋白质中包括多种人体必需氨基酸，如赖氨酸和亮氨酸等。芡实中脂肪含量很少，只占到总重的1%左右，主要由不饱和脂肪酸组成。此外，芡实还富含多种维生素和矿物质。

三、食材功能

性味 味甘、涩，性平。

归经 归脾、肾经。

功能 可益肾固精，补脾止泻，治遗精、滑精、尿频、遗尿、白浊、带下、脾虚久泻等。《医方集解》记载，芡实可以与其他药材一起配伍制备金锁固精丸。苏轼的《东坡养身集》中记载，芡实和莲藕等同食，具有美容养颜的作用。此外，用芡实与红枣等煮汤，有益于脾胃虚弱的产妇和贫血者的身体恢复。

（1）抗氧化作用。芡实的乙醇-水提取物具有很高的清除活性，因此具有较强的抗氧化作用。

（2）抗心肌缺血作用。芡实水提取物可提高心室功能，减少心脏缺血再灌注的损伤。临床研究也发现，中风病人接受康复训练的同时食用芡实，能够显著缓解中风后遗症。

四、烹饪与加工

芡实汤

（1）材料：芡实50克，桂花、白糖适量。

（2）做法：将芡实洗净、泡软、煮至熟软，加桂花、白糖即可。

（3）功效：健脾固精，缓解腰膝疼痛。

芡实汤

芡实糕

（1）材料：芡实粉50克、糯米粉40克、白糖30克、红枣泥100克、食用油10克。

（2）做法：芡实粉、糯米粉和白糖一起加水揉成粉团，辅以红枣泥、食用油等，入模成形，隔水蒸熟即为芡实糕。

芡实保健饮料

使用生物酶法对芡实进行酶解，过滤后，滤液中再加糖等配料，经灌装和消杀后制得口感良好的芡实保健饮料。

五、食用注意

（1）肠胃虚弱、消化不良及产后妇女慎服，会加重相关症状。

（2）芡实具有固涩收敛作用，不宜多吃，易引起消化不良。

芡实的传说

传说古时候湖湘一带连年战乱，有一年偏又遇上水灾，大水过后，湖湘一片荒凉。

村里有个叫纤纤的寡妇，上有生病的婆婆，下有幼小的儿子，靠挖野菜、拣田螺苦挨着日子。

这是一个雨天，儿子饿得连哭都哭不动了，婆婆的呻吟声也十分微弱，纤纤只得又提着篮子冒雨到湖滩转悠。几根野慈姑草在风雨中摇曳，纤纤高兴地扑上去。挖几颗慈姑本是小事一桩，可饥贫交加的纤纤却力不从心，慈姑一颗颗地增加，她的力气却一点一点减少，但想到儿子和婆婆又可以得到食物了，纤纤咬着牙挖。

忽然，不知从何处窜出来一只兔子，这只兔子瘦得不像兔子了，眼睛却极有神采，它看了看纤纤又嗅了嗅慈姑，伸出爪子帮她挖起慈姑来了。

正当纤纤将慈姑放进篮子的时候，一边的兔子跪下了，两眼发出祈求的光。纤纤叹了口气说："兔子呀兔子，你帮我挖了慈姑我不会伤害你，你去吧！"兔子却不走，还跪在那里。纤纤又说："兔子呀兔子，难道你也有难处？"兔子竟朝她点点头，并示意她跟着它走。

纤纤迟疑地跟在它后面，来到草丛中，兔子扒开草丛，露出一个洞穴，洞内两只小兔子已饿得奄奄一息。纤纤被感动了，她伸手将两只兔子揣入怀中并对大兔说："走吧，让我们一起挨过饥荒吧！"就这样，纤纤的三口之家变成了六口，生活就更艰难了。

一天，大兔子浑身湿淋淋地带回几颗圆形的带刺的黑色果子。这种果子在湖湘的浅滩中常能见到，可它一副吓人的样子，谁也不敢去碰它。兔子咬开刺果，顾不得满嘴的血将白色的果肉分给小兔吃，一家三口就这么津津有味地吃着。纤纤看得稀奇，也伸手拿起一只来吃，那味道竟甜滋滋的，还有一股淡淡的清香。

知道这种果子可以食用，纤纤精神大振，挣扎着起身，下到水中，捞了一篮子回来。想不到这种外观丑陋的果子，去刺剥皮煮熟以后味道极好，儿子吃了会跑了，婆婆吃了也精神见好。从此，这果子成了这一家六口的主食，帮助他们熬过了长长的饥荒期。

春天来了，外出逃荒的人陆续回来。他们看到纤纤一家不但没有饿死，而且气色极好，还养了三只兔子。纤纤拿出刺果回答了大家的疑问。于是刺果一时成了抢手的食物。

因为是纤纤发现的，人们叫它“芡（纤）实”。后来，人们又知道了芡实还是一味药材，可治几种疾病。

金银花

金银赚尽世人忙，花发金银满架香。
蜂蝶纷纷成队过，始知物态也炎凉。

——《金银花》（清）蔡淳

一、物种本源

拉丁文名称，种属名

金银花（*Lonicera japonica*）是植物忍冬开的花，忍冬是一种常见的多年生灌木，缠绕型。金银花被归于忍冬科忍冬属。

形态特征

金银花有5叶花瓣，花梗是红色的，为成双成对的两朵。它的花最初呈白色，随后变成黄色，故名金银花。一般来讲，金银花的形状各异，有卵形也有椭圆形，长度2～3厘米。通常4—6月是金银花的花期，但是有时候在秋季也会开花。花清香，气味淡雅。

习性，生长环境

忍冬适应性很强，喜阳、耐阴，耐寒性强，也耐干旱和水湿，对土

金银花

壤要求不高，但以湿润、肥沃的深厚沙质壤中生长最佳，每年春夏两次发梢。

金银花在我国境内大多数省份均有种植，主要集中在华北地区。这是一种十分常见的花种，同时也广受国外园艺爱好者喜爱，将其引入自己的国家，进行种植。

二、营养及成分

金银花各部位均含有丰富的营养，并各有特色，花蕾含有丰富的粗蛋白、粗多糖、绿原酸、异绿原酸A、铁、钾、磷、人体必需氨基酸、粗脂肪、维生素C、钠、铜等。

三、食材功能

性味 味甘，性寒。

归经 归肺、心、胃经。

功能 金银花含有多种人体必需的微量元素和化学成分，同时还含有多种对人体有益的活性酶物质，具有抗衰老、健体的良好功效。金银花作用主要为清热解毒，治疗温热病、溃疡疖病等。金银花含有绿原酸、木樨草苷等药理活性成分，对溶血性链球菌、金黄色葡萄球菌等致病菌，以及上呼吸道感染的致病病毒等有很强的抑制作用；还能增强免疫力，其临床应用非常广泛，兼容其他药物用于治疗呼吸道感染、细菌性痢疾、急性尿路感染、高血压等多种疾病。

（1）抑菌作用。相关体外实验表明，金银花有较强的抑菌作用。除此之外，金银花水浸剂的疗效突出。多数研究表明，如果它能与其他一些具有药理作用的植物连用，例如连翘等，能扩大其作用效果，增强疗效。

（2）抗炎和解热作用。金银花提取物如黄酮类，对脂多糖诱导的小鼠炎症模型有较强的抑制作用，其抑制率与药剂量有关，能够明显地抑制小鼠的炎症进一步恶化。除此之外，金银花还有明显的解热作用，这主要来源于其中的有机酸类化合物的活性，金银花在不同的动物模型身上均表现出清热解毒的功效。

（3）降血脂作用。金银花中的多糖类化合物通过各种不同的方式进行提取，发现都有明显的降血脂功效。有实验表明，通过金银花灌胃可以明显降低大鼠肠内胆固醇的吸收和血浆胆固醇的含量。

四、烹饪与加工

在传统工艺上金银花多为药用，经查阅，其用途主要如下。

温热疾病的早期阶段：金银花通常会与连翘、薄荷、淡豆豉一起作用，有清热解毒，滋养效果，可用于治疗溃疡、疖病肿胀疼痛等病症。

轻症中期：常与黄芩、栀子、石膏、竹片、芦根等配伍使用，具有清热解毒、止呕的作用。

干金银花

在治疗痢疾等疾病时，常与黄连、赤芍、马齿苋等中药材一起连用，具有清热理肠、化滞血作用，可以治湿热中阻证，有凉血止痢的效果。

目前，随着人们对食物原料天然化来源的追求，金银花越来越多地直接被应用于食品制作中。

金银花粥

（1）材料：金银花30克、大米30～50克。

（2）做法：将金银花放入锅中炒汁，呈现浓稠后，加入大米进行熬煮，1小时后即可食用。

（3）功效：清热解毒，消炎去肿。

金银花露

（1）材料：金银花、枸杞、冰糖、蜂蜜适量。

（2）做法：取金银花50克，加水500毫升，浸泡半小时。放入锅中，先猛火、后小火熬制15分钟，中途加枸杞、冰糖。倒出药汁，加蜂蜜即可。

（3）功效：清热解毒。用于小儿痱毒暑热口渴。

五、食用注意

（1）脾胃虚寒者不宜食用。

（2）幼儿、孕妇禁用。

金银花名字的来历

古代禹州西部的伏牛山脚下，有驿馆、客栈、山货铺各一家。山货铺的女主人叫忍冬，有两个女儿，长得美丽大方，人见人夸，大的叫金花，小的叫银花。

有一年，时疫流行，过往的公差和商贾都感染了时疫，症状是头疼发热、四肢酸痛、咳嗽流涕、浑身无力。大夫们用传统的方法治疗总是不见效，驿馆和客栈老板一筹莫展。

忍冬知道情况后，心想：自己以前得过这种病，喝完自己房后长的一种花所煎的汤就好了，何不让他们也喝碗这种汤试试？她煎好了汤让女儿们送到了客栈，商贾们喝完了，第二天便感觉浑身轻松，症状减轻，经过几天治疗大家都痊愈了。客栈老板如释重负。驿丞知道后，也向忍冬求药，忍冬煎好后让女儿们送去，公差们喝完后觉得好了许多，没几天也都康复了。商贾和公差们打听到了忍冬母女的名字，纷纷向忍冬母女道谢，并打听用的什么药。忍冬母女如实相告，他们问这是什么树上结的花，忍冬母女说不知道，有人望着金花和银花两姐妹，灵机一动说："干脆叫金银花吧！"从此，金银花的故事便流传开来。

金银花是禹州的地道药材，不仅具有清热解毒、健脑明目之功能，而且是防暑降温、清火润燥的佳品。

槐花

六月御沟驰道间，青槐花上夏云山。
退朝侧帽惊时晚，近树闻香暗咏闲。
新雨贾生车喜出，旧年潘岳鬓添斑。
老惭太学无经术，空饱齑盐强往还。

——《依韵和王景彝马上忽见槐花》（北宋）梅尧臣

一、物种本源

拉丁文名称，种属名

槐花（*Sophora japonica* L.），为豆科槐属植物的花及花蕾。

形态特征

槐花是顶生圆锥状，长度为15~30厘米，每朵花的花萼类似钟状，花瓣是蝴蝶状，其中每朵花的翼瓣和龙骨瓣形状多为长方形。槐花的颜色各异，一般是乳白色，也有紫红色。7—8月份一般是槐花的花期，槐花在开放时，飘香四溢。

习性，生长环境

槐树属于比较耐寒的植物，但在阳光充足的地方长势会更好。槐树

槐　花

不宜生长在积水多的环境中，它比较耐旱。槐树对生长环境并不是很挑剔，只要在栽种时将根埋得深一些，就算在比较贫瘠的土地上也能生长得很好，甚至在轻度盐碱地上也能正常生长。但在湿润、肥沃、深厚、排水良好的沙质土壤中生长最佳。

我国境内，槐树的种植区域十分广泛，尤其在华北和东北平原较为常见。

二、营养及成分

每100克槐花部分营养成分见下表所列。另外，槐花还含芦丁、槲皮素、鞣质、槐花二醇、维生素A等物质。

成分	含量
碳水化合物	17克
蛋白质	3.1克
纤维素	2.2克
脂肪	0.7克
钙	83毫克
磷	69毫克
维生素C	30毫克
烟酸	6.6毫克
铁	3.6毫克
维生素B_2	0.2毫克

三、食材功能

性味 味苦，性微寒。

归经 归肝、大肠经。

功能 有凉血止血、清肝泻火的功能。用于便血、痔血、血痢、崩漏、吐血、肝热目赤、头痛眩晕等病症的辅助治疗。

（1）消炎作用。槐花中所含的黄酮类物质能有效改善下肢水肿等症状。

（2）抗病毒及抑菌作用。当槐花与水按1∶5的比例进行配制时，可抑制紫毛癣菌等皮肤真菌。

（3）对心血管系统的作用。槐花的主要活性成分是芦丁和槲皮素，可以通过降低毛细血管的通透性来维持其原有的毛细血管阻力，明显增强冠状动脉扩张和血流的能力，从而有效治疗心血管疾病。

四、烹饪与加工

《日华子本草》："治五痔，心痛，眼赤，杀腹脏虫及热，治皮肤风，及肠风泻血，赤白痢。"《药品化义》："槐花味苦，苦能直下，且味厚而沉，主清肠红下血，痔疮肿痛，脏毒淋沥，此凉血之功能独在大肠也，大肠与肺为表里，能疏皮肤风热，是泄肺金之气也。"槐花在药用时分生槐花、炒槐花和槐花炭。

随着人们对食物原料天然化来源的追求，槐花越来越多地被应用于食品制作中。

槐花蒸饭

（1）材料：槐花250克，小麦面粉小半碗，玉米面粉小半碗。大蒜、盐、香油适量。

（2）做法：槐花清洗干净，沥干水分后，用盐拌匀。把小麦面粉和玉米面粉洒在槐花上拌匀。把拌好后的槐花均匀地铺在蒸屉上（屉上要有屉布）。大火蒸开后转中火蒸5分钟，关火焖3分钟，取出。加蒜泥、香油拌匀即可。

（3）功效：槐花味道清香甘甜，富含维生素和多种矿物质，具有清热解毒、凉血润肺、降血压、预防中风的功效。

槐花蒸饭

槐花清蒸鱼

将鱼洗净后平放在砂锅中，加入少量调味香料，小火慢炖20~30分钟后，加入少量的槐花细末，味道清香，即可食用。

五、食用注意

（1）槐花味甜，糖尿病患者不宜食用。

（2）槐花性微寒，脾胃虚寒、阴虚热而无真火者，要谨慎食用。

齐景公爱槐

春秋时，齐国君王景公特别爱槐，他派专官看守王宫旁的一棵大槐树，并在树旁明示禁牌：“触犯者受刑，损伤者处死！”

一天，有一小吏喝醉酒，从树下踉跄经过，碰伤了树枝，被送进牢房准备处死。小吏的女儿恳求相国晏子救其父，她说自己与父相依为命，现在国君仅因他碰伤槐树的枝叶，就治死罪，不只是自己失去依靠，也要玷辱国君的名声，一旦传扬出去，恐怕邻国认为我们国君爱树而贱民。经晏子苦谏，景公才废除伤槐之法，释放了那个小吏。其实，爱树禁令未尝不可，只是处罚太重罢了。

甘草

习习春风，丝丝春雨。
一等沾濡，十方周普。
甘草得之甜，黄连得之苦。
天意发丛林，檐声闹窗户。
古德尝云已不迷，等闲教坏人男女。

——《偈颂七十八首（其一二）》
（宋）释正觉

一、物种本源

拉丁文名称，种属名

甘草，豆科甘草属，为植物甘草（*Glycyrrhiza uralensis* Fisch.）、胀果甘草（*Glycyrr hiza inflata* Bat.）或光果甘草（*Glycyrrhiza glabra* L.）的干燥根与根茎，是一种益补中草药。甘草药用部位是根及根茎。

形态特征

甘草为多年生草本，根与根状茎粗壮，直径1~3厘米，外皮褐色，里面淡黄色。茎直立，多分枝，高30~120厘米，密被鳞片状腺点、刺毛状腺体及白色或褐色的绒毛。叶长5~20厘米，托叶三角状披针形，两面均密被白色短柔毛。

味甜而特殊。

甘 草

习性，生长环境

甘草多生长在干旱、半干旱的荒漠草原、沙漠边缘和黄土丘陵地带。

二、营养及成分

每100克甘草中可食部分的主要营养素含量见下表所列。

营养素	含量
膳食纤维	38.7克
碳水化合物	36.3克
蛋白质	4.9克
脂肪	4.2克
钙	832毫克
镁	337毫克
钠	154.7毫克
磷	38毫克
钾	28毫克
铁	21.2毫克
锌	5.9毫克
维生素E	2.3毫克
锰	1.5毫克
铜	1.1毫克
烟酸	1毫克
维生素C	1毫克
维生素B_2	0.4毫克
维生素B_1	0.1毫克

三、食材功能

性味 味甘，性平。

归经 归心、肺、脾、胃经。

甘草根

功能 用于心气虚，心悸怔忡，脉结代，以及脾胃气虚，倦怠乏力等。可用于痈疽疮疡、咽喉肿痛、气喘咳嗽、胃痛、腹痛及腓肠肌挛急疼痛等。常与芍药同用，能显著增强治挛急疼痛的疗效，如芍药甘草汤。还可用于调和某些药物的烈性。

甘草有类似肾上腺皮质激素的作用，对组胺引起的胃酸分泌过多有抑制作用，并有抗酸和缓解胃肠平滑肌痉挛作用。

四、烹饪与加工

用甘草烹调特色菜肴时宜少量添加，每次15克左右即可。切勿过量食用，否则可能对心血管造成伤害。

甘草绿豆汤

（1）材料：甘草10克，绿豆30克，白糖适量。

（2）做法：将甘草、绿豆放入锅中，加适量清水，先大火煮沸后转小火，煮至绿豆开花，加入白糖调味即可。

五、食用注意

（1）甘草不要多服、久服或者当甜味剂嚼食（尤其是儿童），会使血钠升高，钾排出增多，引起高血压、低血钾，出现水肿、软瘫等临床表现。

（2）甘草对肾阴虚与肾阳虚无明显作用，故在补血、补阴、补阳的方剂中往往少用或不用。

甘草治喉痛

从前，在一个偏远的山村里有位草药郎中，他总是很热心地为人治病。

有一天，郎中外出给一位乡民治病未归，家里来了许多求医的人。郎中妻子一看这么多人急等着丈夫治病，而丈夫一时又回不来，便暗自琢磨：丈夫替人看病，不就是那些草药嘛，一把一把的草药，一包一包地往外发放，我何不替他包点草药把这些求医的人打发了呢？她忽然想起灶前的地上有一大堆草棍，拿起来咬上一口，觉得甘甜适口。于是，她就把这些小棍子切成小片，用纸一包一包地包好，发给了那些病人说："这是我家郎中留下的药，你们赶快拿回去煎水喝吧。"

过了些日子，几个病愈的人特地登门来答谢郎中，说吃了他留下的药后病就好了。郎中一听就愣住了，而他的妻子心中有数，赶忙把他拉到一边，小声对他如此这般描述了一番，他才恍然大悟。草药郎中又急忙询问那几个人的病情，方知他们分别患了咽喉疼痛、中毒肿胀之病。此后，草药郎中便在治疗咽喉疼痛和中毒肿胀时，均使用这种"干草"。由于该草药味道甘甜，郎中便把它称作"甘草"，并一直沿用至今。

白扁豆

小园闲种药，白豆近花篱。
蔓草浑相亚，酴醾不自持。
我衰方采采，秋实正离离。
幸约繁香在，平生见事迟。

——《白扁豆》（元）
龚璛

一、物种本源

拉丁文名称，种属名

白扁豆（*Dolichos lablab* L.），豆科扁豆属，为植物扁豆的干燥成熟种子，又名峨眉豆、白凤豆、羊眼豆、茶豆、藤豆、树豆、白小刀豆、南白豆、白膨皮豆、白沿篱豆、白南扁豆等。

形态特征

扁豆根茎光滑，羽状复叶，顶生的小叶宽呈三角状，侧生的小叶呈斜卵形，托叶较小，呈针形。总状花序腋生，竖直挺立，花序轴较为粗壮。花一般多于2朵，花萼呈阔钟状，花冠呈蝶形，为白色或紫红色，长约2厘米。荚果呈长椭圆形，微微弯曲，扁平，长为5~7厘米，一般2~5颗种子，多为白色，长约8毫米。花期一般为每年的7—8月份，果期一般为每年的9—11月份。

习性，生长环境

扁豆喜温暖湿润气候，怕寒霜。苗期需潮湿，花期要求干旱，结荚期要求较强的光照和长时间的日照，但不宜高温。适合在土壤肥沃、排水良好的砂质壤里种植。

扁豆原产于印度等热带地区，大约在汉晋年间引入我国。在我国大部分地区均有分布。

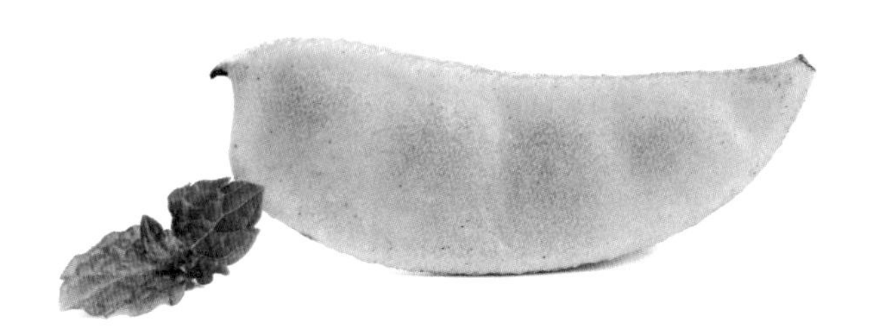

扁　豆

二、营养及成分

经测定，白扁豆含钙、镁、磷、锌等元素及植酸钙，泛酸，淀粉抑制酶，血球凝集素A、B，阿拉伯半糖1和阿拉伯半糖2，维生素B、C，胡萝卜素，水苏糖，麦芽糖，棉籽糖，果胶多糖，脂肪酸，棕榈酸，硬脂酸，花生酸，山萮酸以及植酸等物质，还含有醛类、醇类、酮类、酯类、烃类、羧酸类及杂环类等有机成分。每100克白扁豆主要营养成分见下表所列。

成分	含量
碳水化合物	57克
蛋白质	23克
膳食纤维	9克
脂肪	2克

三、食材功能

性味 味甘，性微温。

归经 归脾、胃经。

功能 《神农本草经》："补脾止泻，解暑化湿。"

白扁豆甘温，补脾而不滋腻，芳香化湿而不燥烈，故为补脾、化湿、解暑之佳品。凡脾虚有湿的泄泻或妇女带下，以及暑湿内蕴之吐泻等症，皆常应用。大病之后，初进补剂，先用本品，调养正气而无壅滞之弊。解暑宜生用，健脾胃宜炒用。

白扁豆有抗菌、抗病毒作用，对痢疾杆菌有抑制作用，对食物中毒引起的呕吐、急性肠胃炎等有解毒作用，还能提高人体的免疫功能。

四、烹饪与加工

白扁豆的常见药用配方列出以下几种。

（1）治脾胃虚弱，饮食不进，呕吐泄泻者：白扁豆1.5斤（姜汁浸，去皮，微炒），人参（去芦）、白茯苓、白术、甘草（炒）、山药各2斤，莲子肉（去皮）、桔梗（炒令深黄色）、薏苡仁、缩砂仁各1斤。上为细末，每服2钱，枣汤调下，小儿量岁数加减服。（《局方》参苓白术散）

（2）治水肿：白扁豆3升，炒黄，磨成粉。每早午晚各食前，大人用3钱，小儿用1钱，灯心汤调服。（《本草汇言》）

白扁豆的加工产品有：

白扁豆干

利用真空冷冻干燥的方法，极大程度地保留了白扁豆中的营养成分，且易于保藏，方便携带。

白扁豆粉

白扁豆煮熟后，太阳下晒干，等水分全都蒸发后，将其研磨成粉。食用时加水冲调即可，简易方便。也可在煮粥时加入少许，提味增香。

白扁豆粉

五、食用注意

（1）生食白扁豆有毒，研成粉末作药服用要在中医师的指导下进行。

（2）多食白扁豆会导致壅气。

（3）食积有寒热者忌食用。

（4）不宜油炸食用，油炸食用会破坏白扁豆中所含的维生素等营养成分。

白扁豆来历的传说

相传，唐僧还在娘肚中时，父亲陈子春就带着妻子殷凤英赴九江上任。从河南偃师到长江边换乘水路时，不慎上了江洋大盗刘洪的贼船。行至途中，刘洪突然惊呼："真古怪来真古怪，南边有金龙在戏水，北部有鲤鱼跃龙门，速请陈大人出舱看宝珍。"陈子春闻得，信以为真，忙从船舱中钻出，问刘洪何处有宝珍。

话语未了，刘洪一脚将陈子春踢落江心。将身怀唐僧的殷凤英连同金银细软劫往含鄱口。陈子春被打落江中，顺江流下，撞进东海龙王三小姐闺房的后花园，被三小姐的贴身丫鬟蚌精发现，将其藏在自己的私房，并从龙宫宝库盗得还魂枕。

经过七七四十九天后，陈子春真魂附体还阳，由衷感激蚌精的救命之恩，将随身的传家宝夜光珠赠给蚌精。蚌精对陈子春亦日久生情，顺手将七珠条形珍珠发夹回赠陈子春，并恋恋不舍地将陈子春送至九江上任。上任后的陈子春惩处了刘洪。在与殷凤英团圆后，陈子春随身携带的七珠条形珍珠发夹被殷凤英发现，殷凤英出于妒忌，将发夹扔出衙门窗外。落地后发夹长出了白扁豆缠绕于树上。

薤白

隐者柴门内，畦蔬绕舍秋。
盈筐承露薤，不待致书求。
束比青刍色，圆齐玉箸头。
衰年关鬲冷，味暖并无忧。

——《秋日阮隐居致薤三十束》（唐）杜甫

一、物种本源

拉丁文名称，种属名

薤白（*Allium macrostemon* Bge.），百合科葱属，别名小根蒜、山蒜、苦蒜、苦藠、小么蒜、小根菜、大脑瓜儿、野蒜、团葱、野藠等，为小根蒜或薤的鳞茎。

形态特征

薤白，鳞茎近球状，鳞茎外皮带黑色，纸质或膜质，不破裂。叶3～5枚，半圆柱状，或因背部纵棱发达而为三棱状半圆柱形，中空，上面具沟槽，子房近球状，腹缝线基部具有帘的凹陷蜜穴；花柱伸出花被外。

习性，生长环境

薤白喜阴湿的环境，在海拔1 500米以下的原野、路边、山坡、树林、丘陵、山谷和草丛中生长。花果期5—7月份。除新疆、青海外，全国各省区均产，云南和西藏在海拔3 000米的山坡上也有。

薤白花

二、营养及成分

据测定，每100克薤白主要营养成分见下表所列。薤白含有维生素B_1、B_2、C、E，胡萝卜素，烟酸及钙、磷、铁、镁、锌等。薤白还含有挥发油，油中有多种硫化物甲基丙烯基、三硫化物、二烯丙基硫、二烯丙基二硫、蒜氨酸、甲基蒜氨酸、大蒜糖以及亚油酸、油酸、棕榈酸等脂肪酸。

成分	含量
水分	65.5克
碳水化合物	25克
蛋白质	3.4克
膳食纤维	1.2克
脂肪	0.4克

三、食材功能

性味 味辛、苦，性温。

归经 归心、肺、胃、大肠经。

功能 有滋阴润燥、宽胸理气、通阳散结之功效，用于胸痹疼痛、痰饮咳喘、泻痢后重、脘痞不舒、干呕、疮疖等症。

薤白的水煎剂对痢疾杆菌、金黄色葡萄球菌有抑制作用，对人的血小板聚集显示较强的抑制作用，可用于支气管哮喘和原发性高脂血症的辅助治疗，并对胸痹疼痛、脘胀腹痛、脾胃虚弱、消化不良、痢疾或腹泻均有明显的辅助食疗效果。

（1）抑菌作用。薤白水煎剂对痢疾杆菌、金黄色葡萄球菌有抑制。300%水煎剂用试管稀释法，1∶4对金黄色葡萄球菌、肺炎球菌有抑制作用，1∶16对八叠球菌有抑制作用。

（2）对心血管系统的作用。在薤白的提取物中发现有前列腺素（PG）物质，其中的前列腺素A1具有降压利尿和抗癌作用，前列腺素B1具有血管收缩作用。

血小板血栓素A2可使血管痉挛，而薤白醇提物能抑制实验性血栓素A2并促进前列腺素I1的合成。这种复合的抗血栓机制，说明薤白醇提物是一种防治血栓性心血管疾病的良药。

（3）对动脉粥样硬化的预防作用。长梗薤白提取物（ANBE）具有降过氧化脂质（LPO）作用：高血脂时，血清LPO升高，试验结果表明给家兔饲胆固醇后，血脂升高，血清LPO亦相应升高，二者呈高度正相关。投予ANBE，血脂有所下降，而血清LPO含量则显著减少，说明ANBE有明显降血清LPO作用。

四、烹饪与加工

栝楼薤白白酒汤

治胸痹之病，喘息咳嗽，胸背痛，短气，寸口脉沉而迟，关上小紧数：栝楼实1枚（捣），薤白250克，白酒6 300克。上三味，同煮，取1 800克。分温再服。

栝楼薤白半夏汤

治胸痹，不得卧，心痛彻背者：栝楼实1枚（捣），薤白150克，半夏500克，白酒9 000克。上四味，同煮，取3 600克。温服900克，日三服。

薤白炒鸡蛋

（1）材料：鸡蛋、盐、油、薤白。

（2）做法：薤白摘干净，洗净，晾干。鸡蛋搅拌成均匀的蛋液。热锅，放油，油热后加入薤白，炒出香味，倒入蛋液，加盐，翻炒。蛋块熟后即可起锅。

薤白还可以加工为薤白液体、固体饮料。

五、食用注意

气虚无滞、胃弱纳呆者不宜食用。

小蒜入药书

传说有个叫谢白的河南人在京城做官，积劳成疾，身患重病。朝中太医诊脉后道："你的病乃胸痹症，已至晚期，恐回天乏术啊！"

谢白求问太医还有什么良方，太医说："你若能清静休养，或许还能延长寿日。"

于是，谢白来到伏牛山南麓的丹霞寺。这丹霞寺云雾缭绕，松柏参天，宛如仙境一般。

寺里有个老和尚百岁有余，耳聪目明，健步如常。

谢白来到寺中，正是吃饭的时候，小和尚便送上菜饼面汤。老和尚说道："连年灾荒，寺中缺粮，常以野菜度日。今日以菜饼相待，请施主见谅！"

谢白饥肠辘辘，两个菜饼一气吃光，说道："长老用野菜做餐，胜过我吃过的美味佳肴！"

老和尚笑道："哪里哪里，山中小蒜饼并非稀奇之物，只是你饥不择食罢了！"

老和尚又问："施主不在京城操劳公务，来寒寺有何贵干？"

谢白说明来意之后，老和尚说道："若不嫌寒寺清苦，贫僧或能解施主病苦。"

谢白再三道谢，就在丹霞寺住下了。和尚们每天挖山中小蒜掺米面做饭，谢白吃惯了，也习以为常。又每天随和尚们习拳练功，登山挖菜，渐觉四肢有力，病情亦渐为好转。半年以后，谢白回京找太医复诊。

此时正逢皇上的胸痹症发作，太医正愁眉不展。见谢白神采奕奕地回来了，非常惊奇。谢白笑道："太医曾断言我的病无药可治的呀。”于是向太医说了自己在山中的经历。

太医听后说道：“那时你在朝中操劳，寝食无常，难以好转。此去丹霞寺休养，身安心静。更重要的一定是这山中小蒜，必是通胸阳之良药。”

谢白听罢，忙说：“既然小蒜有如此效能，你何必为皇上的胸痹症发愁呢?”

太医说：“你有所不知，皇家规定，药未入书，朝廷忌用。”

谢白道：“你可将我的情况向皇上禀报，听听皇上的旨意。”

太医道：“山中小蒜这名字过于平常，难免被皇帝小看。不如就用你的名字，将‘谢’改作‘薤’，名之曰‘薤白’，如何?”

皇上得闻薤白能治胸痹之后，忙命人速速采来。太医亲自煎好，让皇上服下。不消几日，病情果真见轻。从此，小蒜以“薤白”之名，载入药书，以供后世医用。

黄精

灵药出西山，服食采其根。
九蒸换凡骨，经著上世言。
候火起中夜，馨香满南轩。
斋居感众灵，药术启妙门。
自怀物外心，岂与俗士论。
终期脱印绶，永与天壤存。

——《饵黄精》（唐）韦应物

一、物种本源

拉丁文名称，种属名

黄精（*Polygonatum sibiricum* Red.），百合科黄精属植物，又名鸡头黄精、黄鸡菜、笔管菜、爪子参、老虎姜、鸡爪参等。

形态特征

黄精的根茎横走，圆柱状，结节膨大，为我国一种常见的中草药，在汉末（220年）的《名医别录》中首次被记录，并被评为最高等级的草药，现已被国家卫健委列入药食同源名单。产于安徽省的九华黄精肉质肥厚、个大微甜，有黏性，属黄精中的“道地药材”。

习性，生长环境

黄精喜潮湿阴凉的环境，通常生长在土壤肥沃的森林或灌木丛中，在我国安徽、云南、贵州、广西等省、自治区均有分布。

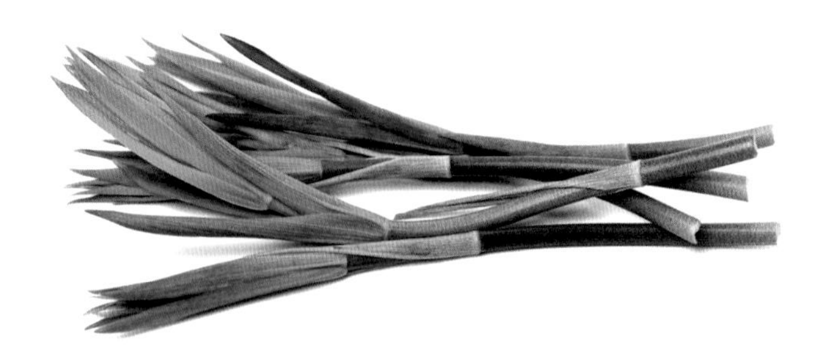

黄精苗

二、营养及成分

黄精中可分离出许多类型的化合物，包括醌类化合物、皂苷、黄酮类、生物碱、木质素、苯乙基肉桂酰胺、氨基酸、维生素、多糖和凝集素等。在这些化合物中，主要的活性化合物是皂苷、黄酮类和多糖。黄精中黄酮含量丰富，主要是芦丁、烟花苷、水仙苷和槐属双苷等黄酮类化合物。黄精多糖由不同比例的单糖组成，主要包括甘露糖、半乳糖、葡萄糖、果糖、鼠李糖、阿拉伯糖和半乳糖醛酸。

三、食材功能

性味 味甘，性平。

归经 归脾、肺、肾经。

功能 黄精具有养阴润肺、补脾益气、滋肾填精的功效。适用于阴虚劳嗽、肺燥咳嗽、脾虚乏力、食少口干、肾亏腰膝酸软、阳痿遗精、耳鸣目暗、须发早白、体虚羸瘦、风癞癣疾等症。

（1）提高免疫力。黄精在免疫功能增强方面具有显著的优势，具体表现在增加免疫器官质量、提高机体免疫球蛋白含量与免疫防御系统活性等。

（2）抑制神经细胞凋亡。黄精有着清除自由基、抑制端粒酶活性的下降与细胞染色体末端端粒的缩短作用，可以有效对抗衰老与减弱缺血性神经细胞损伤和凋亡。

（3）改善记忆力和预防痴呆。黄精所具备的提高学习和记忆能力的作用主要是依靠改善神经突触的功能来实现的。从研究资料中发现，黄精能够使血管性痴呆模型大鼠的海马结构突触膜糖蛋白免疫活性提高，发挥出改善海马突触的重建、完善神经突触效能的作用；并且能让突触后致密物的厚度增加，使得突触传递效能提高，起到改善记忆和预防痴呆的作用。

（4）降低血糖及调节血脂。黄精有着明显的降血糖、调血脂功能，因为作用过程缓和、不良反应较少，被广泛运用于临床，能够有效地预防高血糖、高血脂带来的一系列并发症。

四、烹饪与加工

黄精在传统工艺上多为药用，经查阅，有以下几种常见配方供药用。

壮筋骨，益精髓，变白发

黄精、苍术各4斤，枸杞根、柏叶各5斤，天门冬3斤。煮汁1石，同曲10斤，糯米1石，如常酿酒饮。(《本草纲目》)

补精气

枸杞子（冬采者佳）、黄精等分。为细末，二味招和，捣成块，捏作饼子，干复捣为末，炼蜜为丸，如梧桐子大。每服50丸，空腹温水送下。(《奇效良方》枸杞丸)

治眼，补肝气，明目

蔓菁子1斤（以水淘净），黄精2斤（和蔓菁子水蒸9次，曝干）。上药，捣细罗为散。每服，空腹以粥饮调下2钱，日午晚食后，以温水再调服。(《圣惠方》蔓菁子散)

目前黄精还有一些比较新颖的利用方式。

（1）黄精功能饮料：蓝莓、黄精、山药、枸杞复合功能饮料；黄精甜米酒复合饮料；黄精发酵功能饮料等。

（2）黄精脆片：将黄精粉末或者黄精提取物按一定比例与淀粉类食品原料混合后再进行微波膨化处理，可以得到黄精脆片类产品。

黄精片

(3) 黄精乳产品：将黄精浸提液与鲜乳复配后发酵，可制备出口感良好、营养丰富的保健酸奶。

五、食用注意

中寒泄泻、痰湿痞满气滞者禁服。

婢逃深山食黄精

传说古代临川土家有一婢女，因不堪家主的虐待和凌辱被迫逃往深山老林躲藏，终日只能以采食野菜野果度生。

一天，她外出觅食时偶然发现了一种叶嫩可爱的野菜，便将其连根拔出来品尝。此菜味鲜甘甜，很是可口，婢女当即饱餐一顿。此后她便天天寻找这类野菜充饥。久而久之，她发觉自己的身体越来越轻盈敏捷，行动灵活，久食不饥。

一夜她宿在树下，听见风声，怀疑有猛虎来袭，急忙腾身攀上树梢。从此以后便夜晚宿在树上，白日里在山中行走，因常吃此草，也没感觉有什么辛苦的。

后来她的家人砍樵时偶见她藏身于山中，但一靠近她就会腾身上树。

有人说：这个婢女难道有仙骨？一定是食了什么异草，你可以准备一些肉食放在往来之路上。

婢女忽然见肉，忍不住诱惑出来大吃一顿。先前埋伏在草丛中的家人一齐冲出，婢女想要腾空身体却不再灵活，于是轻易被捉。

后来家人问她如何充饥。婢女指着山中一种草，详细描述其中的原委。家人拔了几根而归，有识得的人辨认出这是黄精。

百合

芳兰移取遍中林，余地何妨种玉簪。
更乞两丛香百合，老翁七十尚童心。

——《窗前作小土山蓺兰及玉簪最后得香百合并种之》
（南宋）陆游

一、物种本源

拉丁文名称，种属名

百合（*Lilium brownii* F. E. Brown var. *viridulum* Baker），百合科百合属，为多年生草本球根植物，食用部分为百合、细叶百合、麝香百合及其同属多种植物的鳞茎片。百合又名白百合、蒜脑薯、韭番、重迈、中庭、重箱、强瞿、中逢花、强九、百合蒜、夜合花、白花百合等。

形态特征

百合鳞茎球形，淡白色，其鳞茎肉质肥厚含丰富淀粉，可食，亦作药用。百合花朵硕大、色泽俏丽，品种繁多，有白花百合（入药）、红花百合（又名山丹）、黄花百合（又名夜合）。唯前者入药，后二者为观赏盆景。

习性，生长环境

百合喜凉爽，较耐寒，高温地区生长不良；喜干燥，怕水涝。

二、营养及成分

据测定，每100克百合主要营养成分见下表所列。另含有维生素B_1、维生素B_2、烟酸、钙、钾、钠、镁、锌、锰、铁、铜、磷、硒等，富含谷氨酸、亮氨酸等17种氨基酸，还含有百合苷A、百合苷B及秋水仙碱、秋水仙胺等类似植物碱。

成分	含量
碳水化合物	77.8克
水分	10.3克

蛋白质……………………………………………… 6.7克
膳食纤维…………………………………………… 1.7克
脂肪………………………………………………… 0.5克

三、食材功能

性味 味甘，性寒。

归经 归心、肺经。

功能 百合止咳润肺、清心安神，适用于阴虚久咳、痰中带血、虚烦惊悸、失眠多梦、精神恍惚、热病后余热未消、脚气水肿等病症的辅助治疗。

（1）提高免疫力。最新的研究指出，百合在人体内能促进单核细胞的吞噬功能，可以提高人体免疫力，对围绝经期综合征及黄曲霉素的抑制有一定的辅助疗效。

（2）美容养颜。百合鲜品富含黏液质及维生素，对皮肤细胞新陈代谢有益。常食百合，有一定的美容作用。

（3）升高血细胞。百合含多种生物碱，对白细胞减少症有预防作用，能升高血细胞，对化疗及放疗后细胞减少症有治疗作用。

四、烹饪与加工

百合绿豆粥

将百合、绿豆与米分别淘洗干净，放入锅内，加水，用小火煨煮。等百合、绿豆与米熟烂时，加糖适量，即可食用。百合绿豆粥有清热解毒之效。

百合蒸

用鲜百合瓣与蜂蜜拌和，蒸熟后嚼食，可治肺热咳嗽。

百合绿豆粥

百合汤

将百合洗净撕片，冬瓜切薄片，加水煮沸后，倒入鸡蛋清，酌加油、盐拌匀熬汤，至汤呈乳白色时即可装碗。此汤有清凉、祛热、解暑的功效，是暑季食疗佳肴。

百合红豆沙

把红豆和不超过水界线的清水一起放进豆浆机里，然后插上插座，等豆浆机的红灯变成绿灯的时候，红豆沙就榨好了。将百合和莲子用热水泡一下，然后放在砂锅里面煮熟，与榨好的红豆沙搅拌，即为百合红豆沙。

百合干片

把百合的鳞片分开，剥片时应把外鳞片、中鳞片和芯片分开，泡片，将漂洗后的鳞片轻轻薄摊晒垫，使其分布均匀。待鳞片六成干时，再翻晒直至全干。包装干制后的百合片先进行分级，以鳞片洁白完整、大而肥厚者为上品，然后用食品包装袋分别包装。

西芹百合

西芹百合

（1）材料：西芹150克，百合200克，熟核桃仁、红辣椒、盐、胡椒粉、淀粉适量。

（2）做法：西芹洗干净，切成3厘米的菱形块；百合洗净，掰成小瓣。把西芹、百合放入沸水中，烫至快熟时捞起。炒锅放在火上，下油加热至5成油温，放入百合、西芹、熟核桃仁、红辣椒片快速翻炒，放入盐、胡椒粉，勾芡，翻炒，装盘即可。

五、食用注意

（1）凡风寒咳嗽、溃疡病、结肠炎患者不宜食用。

（2）凡中气虚寒或两便滑泄者忌食。

百合少女

《集异记》里记载了一个与百合有关的奇异故事，读来令人唏嘘不已。

山东徂徕山上有个光化寺，寺里住着一位读书人。书生远离尘世，足不出户，在这里一心苦读。期待有朝一日能够金榜题名，光宗耀祖。一年夏天，书生在寺庙走廊上欣赏壁画。忽然看见一个十五六岁的白衣少女，姿貌绝异，含情脉脉。书生一时间意乱情迷，便引诱少女到自己的房间，两人情款甚密，私订终生。白衣少女临走时，书生以自己祖传白玉环相赠，当作定情之物。

书生不舍少女离去，便站在寺门楼暗处，目送白衣少女。奇怪的事情发生了，只见少女走了百步就不见了。书生连忙下楼寻到那里，不见少女踪迹，只见百合苗一株。定睛端详，那白花色如美玉，艳丽动人。书生忍不住将百合挖出，捧回居室。书生见其根如拱，大如拳头，不类寻常百合。便层层剥开，突然发现自己的白玉环正藏在其中。书生惊异万分，连忙将百合移回原处。

之后一连数日，白衣少女不再出现。书生找到百合苗，竟发现已经枯萎。回到房中，白玉环就放在书桌上。书生懊恼不已，大哭一场下山而去。

姜黄

稍就檐阴避午阳，蕙兰中暑亦姜黄。
香风坐挹醒还醉，楚客归来闲似忙。
重叠晚山天绘画，风流诗社客杯觞。
登高正待茱萸老，且采芙蓉为制裳。

——《秋日过钟抱素宅（其一）》
（明）区越

一、物种本源

拉丁文名称，种属名

姜黄（*Curcuma Longa* L.），姜科姜黄属，为植物姜黄的根茎。又名宝鼎香、黄姜、奶子、个姜黄、精姜黄等。

形态特征

姜黄是多年生草本植物，根茎比较发达，丛生，分枝呈现出椭圆形或圆柱形，色泽为橙黄色，非常香；根比较粗壮，末端膨大形成块根。

习性，生长环境

姜黄适宜在气候温暖湿润、日照充足、雨量充沛的环境中生存，怕严寒霜冻，怕旱怕涝。宜在土层深厚、上层松散、下层致密的沙壤土中种植。忌连作，栽培多与高秆作物套种。在我国，主产地为浙江、江西、台湾、广东、广西、四川、云南等省、自治区。

姜　黄

二、营养及成分

姜黄中含有一定量的挥发油，其中的主要成分包括姜黄酮、水芹烯、芳姜黄酮、松油醇、姜烯、香桧烯、桉油素、莪术酮、樟脑、莪术醇、丁香烯龙脑、石竹烯、丁香酚等。色素主要有姜黄素和去甲氧基姜黄素。

三、食材功能

性味 味苦、辛，性温。

归经 归脾、肝经。

功能 姜黄，辛苦而温，辛温相合，外散风寒，内行气血；苦温相合，能外祛寒湿，内破瘀血，故有祛痰、行气、止痛、活络之效，凡气滞血瘀诸痛者均可应用。对于患有风湿痹痛、关节不利、肩臂酸痛之症者，此亦为常用之品。

姜黄中不同的活性成分具有不同的功效，其中具有明显的利胆作用的成分有姜黄素、挥发油、姜辣素、冰片、倍半萜、姜黄提取物等。有研究表明，姜黄乙醇提取物对血清当中丙氨酸氨基转移酶和天冬氨酸氨基转移酶升高（四氯化碳引起的）具有明显的抑制效果。姜黄中具有抗菌作用的成分有姜黄素及其挥发油，其对皮肤真菌也有不同程度的抑制作用。具有明显的降低血清胆固醇、甘油三酯和β-脂蛋白的作用的活性成分有姜黄醇提物、姜黄挥发油和姜黄素。姜黄素还能抑制血小板的聚集，降低血浆黏度和全血黏度，同时具有短而强的降压作用。此外，其对胃黏膜和肝细胞有保护作用。

四、烹饪与加工

姜黄在传统工艺上多为药用，经查阅，有以下几种常见配方。

（1）治疗产后恶露不尽、腹部疼痛等症状，配方为：姜黄3分，牡丹3分，当归3分（锉，微炒），虻虫1分（炒微黄，去翅足），没药1分，水蛭1分（炒令黄），刘寄奴3分，桂心3分，牛膝1两（去心），将以上这些材料研碎为细细的粉末。每次服用1钱，在吃饭之前配以温酒调下。（《圣惠》姜黄散）

（2）治疗一切跌打之症，配方为：桃仁、兰叶、丹皮、姜黄、苏木、当归、陈皮、牛膝、川芎、生地、肉桂、乳香、没药。水、酒煎服。（《伤科方书》姜黄汤）

目前，姜黄有一些比较新颖的加工方式。

（1）姜黄鸡蛋炒饭：姜黄可用作食品调味料，使炒饭的风味更加独特。

（2）姜黄瘦肉汤：此汤可用于缓解经闭或产后腹痛、恶心头晕、腹胀便闭等症状。

姜黄鸡蛋炒饭

五、食用注意

虽有血虚但无气滞、血瘀等症状的人及孕妇慎服姜黄。

华佗姜黄救张飞

相传，三国时，张飞（约166—221）大闹长坂坡。在桥上一声巨吼，吓死了夏侯杰（？—208），喝退了曹操（155—220）数万大军。之后不久，时值酷热天气，张飞巡营回帐，觉得又饿又渴，叫手下端来井水，咕咚咕咚喝了个够，接着又吃了一秤西瓜。

时过一炷香时辰，张飞忽而觉得心口作痛，而且越痛越重，最后疼得两手捂着心口在地上直打滚。部将张达一见这等情景慌忙去禀报刘备。这时刘备（161—223）正陪华佗为甘夫人诊脉。见到张达来报，刘备忙请华佗一同前往张飞大帐。

一进大帐，就见张飞“两手抱腹，恨地无洞”。华佗一番望、闻、问、切之后，诊断张飞为暴饮暴食寒凉之物导致的心腹暴痛。于是华佗取出姜黄与桂枝，共同研为粉末，用温醋给张飞灌下。一会儿，张飞腹内作响，随后大泻，再服用姜、桂，才转危为安，张飞终被救回一命。

山柰

忍听归归鸟，愁看跕跕鸢。
沙姜长竖指，泥蕨细钩拳。
寘毒餴家快，挑生左道便。
行厨避民舍，停箸问宾筵。

——《江洞书事五十韵》
（节选）（明）林弼

一、物种本源

拉丁文名称，种属名

山柰，姜科山柰（*Kaempferia galanga* L.）属，为植物山柰的干燥根茎，又名砂姜、三柰、三柰子、三赖、山辣等。

形态特征

山柰是一种多年生低矮草本植物，根茎块状，单生或多生，芳香。叶通常靠近地面生长，近圆形，在叶背面无毛或疏生具长柔毛，无梗；花顶生，白色，芳香，易凋谢，一半藏在叶鞘内；苞片披针形，花萼的长度与苞片大致相同；唇是白色的，雄蕊没有花丝，药用附属物是方形的，果实是蒴果。花期是8—9月份。

习性，生长环境

山柰喜温暖、湿润、向阳的气候环境，怕干旱，不耐寒。山柰生长

山　柰

于热带、南亚热带平原或低山丘陵。多栽培于阳光充足，排灌方便的砂质土中。

山柰在台湾、广东、广西、云南等省、自治区均有种植。

二、营养及成分

山柰的根茎中含有挥发油，挥发油的主要成分是龙脑、肉桂酸乙酯、樟脑烯和亚砜。山柰中还含有黄酮类化合物山柰酚。

三、食材功能

性味 味辛，性温。

归经 归胃经。

功能 《中华人民共和国药典》(2015年版)："行气温中，消食，止痛。用于胸膈胀满，脘腹冷痛，饮食不消。"

山柰素具有抗真菌、杀灭犬弓首线虫幼虫的作用；山柰根茎中提取的肉桂酸乙酯对单胺氧化酶有抑制作用。

山　柰

四、烹饪与加工

内服：煎汤，6～9克；或入丸散。外用：适量，捣敷；研末调敷，或搐鼻。

随着现代食品新型加工技术的兴起，山柰相关产品有了较大的突破，主要用于制作山柰调味品，如制成山柰粉、山柰酱等。

山柰粉

五、食用注意

身体虚弱、气血不足、胃有郁火者忌服。

慈禧晚年与山柰

据《清宫医案》载：慈禧太后（1835—1908）御用美容养颜方“玉容散”及御用养发方“香发散”中，都用到了山柰。

相传，慈禧年逾古稀之时，对养发护发与美容的兴趣丝毫不减。但她晚年体弱多病，常患感冒，偏头痛也反复发作。而且从洗发到晒发要花费大量的时间，所以她轻易不愿意洗头。时间长了难免生垢发臭、瘙痒难耐。

御医们就特意为她研制了一种干洗方——“香发散”。用时只需将药粉洒于头上，用篦子梳理，就能达到去污香发，发落重生的作用。

其组方如下。

香发散：山柰、公丁香、细辛、苏合油、白芷各9分，川大黄、生甘草、粉丹皮各12分，辛夷、玫瑰花各15分，檀香18分，零陵香30分。

玉容散：山柰、僵蚕、白附子、白芷、硼砂各10分，石膏、滑石各16分，白丁香7分，冰片2分。

白茅根

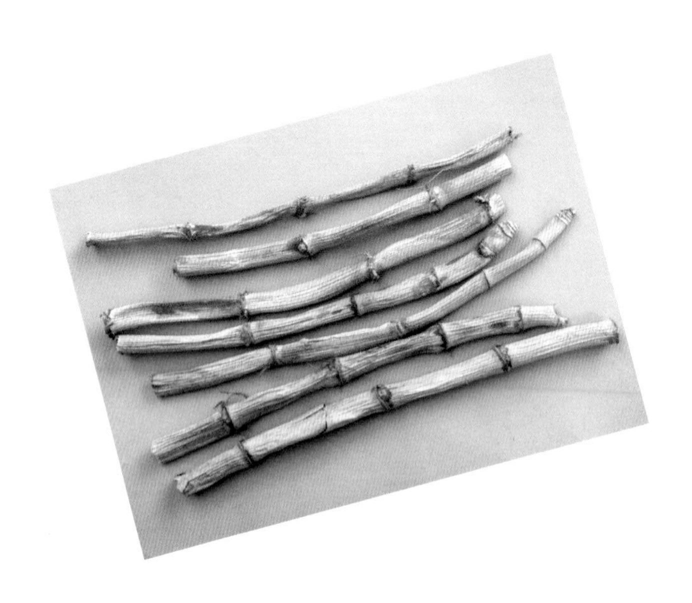

月出不扃溪上门，白头渔父向人言。
扁舟自唱濯缨曲，四海共知明主恩。
小饮未尝沽市酒，狂书时复弄茅根。
相思也有台官梦，梦见当年住处村。

——《次韵张侍御叔亨见寄（其一）》（明）陈献章

一、物种本源

拉丁文名称，种属名

白茅根［*Imperata cylindrica* Beauv. var. *major*（Nees）C. E. Hubb.］，又有茅根、兰根、茹根、白花茅根、茅草根、甜草根、地筋等别称，禾本科白茅属，为植物白茅的根茎，是我国传统的中药材。

白　茅

形态特征

白茅根茎呈长圆柱形，直径在2~4毫米。表面色泽呈黄白色或淡黄色，有纵向皱纹，连接比较明显，节间长在1~3厘米。比较轻，坚韧，骨折呈现纤维状，色泽为黄白色，有很多放射状裂隙，有时中心部位可以看到一个小孔。气味比较微弱，有稍许的甜味。

习性，生长环境

白茅，生于向阳路边的干燥草原或山坡上，是一种多年生草本植物，其生长范围分布在东北、华东、中南、西南、陕西、甘肃等区域。

二、营养及成分

白茅根含有蛋白质、氨基酸、维生素、多糖、有机酸、类黄酮等，含糖类化合物有葡萄糖、蔗糖、果糖、木糖、淀粉等，单酸、钾盐有柠檬酸、苹果酸、草酸等，三萜类化合物有青兰素、阿魏醇等，还含有类胡萝卜素和叶绿素、豆甾醇、β-谷甾醇、白头翁、5-羟色胺等。

三、食材功能

性味 味甘，性寒。

归经 归肺、胃、膀胱经。

功能 白茅根有利尿通淋，凉血止血，清热生津之功效。用于血热出血、热病烦渴、胃热呕逆、肺热喘咳、小便淋沥涩痛、水肿、黄疸等症。

此外，有研究表明白茅根对正常家兔和荷瘤小鼠有利尿功能，其对小鼠腹腔巨噬细胞吞噬功能有较为明显的改善作用，对肺炎球菌性流感杆菌、金黄色葡萄球菌、福氏痢疾杆菌等微生物有明显的抑制作用，对痢疾志贺菌具有抑制作用，具有一定的抗乙肝病毒能力。

四、烹饪与加工

白茅根在传统工艺上多为药用，经查阅，有以下几种常见配方供以药用。

（1）治疗乳石发动，虚热，痰饮呕逆，不可饮食之症，配方为：白茅根1握、麦门冬1两（去心）、陈橘皮半两（汤浸，去白瓤，焙）、淡竹茹半两、赤茯苓半两、甘草半两（炙微赤）、生姜半两、枇杷叶半两（拭

去毛，炙微黄）。加水3大盏，煎制浓缩到1盏半，去除残渣，分为3次温服，不拘时候。（《太平圣惠方》白茅根汤）

（2）治尿血，水道中痛不可忍，配方为：白茅根90克（锉）、赤芍药30克、滑石60克、木通60克（锉）、子芩45克、葵子60克、乱发灰45克，捣粗罗为散。每服为12克，加水300毫升，煎制浓缩到180毫升，去除残渣，空腹状态下，且药汤温热时服用。（《太平圣惠方》茅根散）

目前白茅根有一些比较新颖的利用方式。

（1）白茅根-淡竹叶复合运动饮料：取白茅根浸提液4.0克，淡竹叶浸提液5.0克，蜂蜜6.5克，柠檬酸0.3克复配制备。此种利用方式目前仍处于实验室阶段。

（2）白茅根银花茶：此茶具有清热解毒作用，还能清咽利喉。

（3）白茅根丹皮茶：此茶具有清热凉血作用，能增强人体对病毒的抵抗能力，还能预防感冒。

（4）白茅根枸杞茶：此茶具有清热凉血作用，还能明目养肝。

（5）白茅根瘦肉汤：此汤能清热去火，有利尿作用。

白茅根枸杞茶

五、食用注意

（1）具有脾胃虚寒、溲多不渴等症状的人禁止服用。

（2）白茅根忌犯铁器。切制的白茅根尽量避免用水浸泡，以免钾盐丢失。

白茅根治"穷病"的传说

东汉末年，张仲景曾在洛阳行医。一个冬天的早晨，一个叫李胜的孩子敲开了张仲景的门。见到张仲景后，衣衫褴褛、骨瘦如柴的他怯生生地说："大夫，请可怜可怜我，给我看看病吧。"

张仲景请李胜坐下。切脉，看舌头和肤色，最后肯定地说："你一点都没病。"李胜泪流满面。原来，他的父母去世了，他卖掉了所有的家产才勉强埋葬父母，现在房东强迫他还债。于是，他恳求张仲景给他开一剂治疗"贫病"的灵丹妙药。

张仲景好久没有说话。他行医多年，治愈了无数病人，但他仍然是第一个治疗贫病的人。他让弟子们给李胜两个馒头，写了一张药方：白茅根，洗净晾干，装满屋子。

李胜非常不解，但还是照着做了。几天之内，他住的破庙里到处都是茅草根。

是年冬天，洛阳没有下雪。第二年春天，没有下雨，空气干燥，疾病蔓延。张仲景为贫困群众看病，他开的处方与白茅根分不开。就这样，没多久，白茅根就成了珍稀药材。

药房卖完了，张仲景介绍他们到李胜那里买。瘟疫过后，李胜发了财。他用这些钱买食物，分发给穷人。从那以后，李胜有了自己的住处，过上了稳定的生活。

李胜对张仲景感恩不尽，对他的远见卓识更是惊叹不已。他问张仲景如何判断疫情。张仲景说出真相。原来，他根据冬季无雪、气候干燥、疾病混杂的现象，推测将在来年春季流行疫病。而野生白茅根具有清热、祛瘀、排尿的作用，是治疗疫病的良药。

麦芽

麦芽伴着啤酒花，酿成琼浆千万家。
斗酒百篇李太白，无从考证涉及它。

——《麦芽与啤酒花》民谣

一、物种本源

拉丁文名称，种属名

麦芽，禾本科植物大麦（*Hordeum vulgare* L.）的成熟果实，是大麦经发芽干燥的炮制加工品，又名大麦毛、大麦糵、麦糵、大麦芽等。

形态特征

麦芽本品呈梭形，长度8～12毫米，直径为3～4毫米。表面淡黄色，背面为外稃包围，具5脉，先端长芒已断落；腹面为内稃包围。除去内外稃后，腹面有1条纵沟；基部胚根处生出幼芽及须根，幼芽长披针状条形，长约0.5厘米。须根数条，纤细而弯曲。质硬，断面白色，粉性。无臭，味微甘。以质充实、色淡黄有胚芽者为佳。

焦麦芽

习性，生长环境

大麦生育期比小麦短，属长日照作物。原产于高纬度地区的品种，对日照反应敏感；原产低纬度的则反应迟钝。一般苗期耐寒性较弱。生长期间平均以16℃为宜。耐盐碱力较强，适宜的pH为6～8。

全国各地均有产出。

二、营养及成分

据测定，每100克麦芽主要营养成分见下表所列。另含有淀粉酶（α和β两种）、维生素B、转化糖酶、酚类、麦芽糖、黄酮醛类、醇类、吡嗪类化合物等成分。

淀粉	58克
蛋白质	13.7克
膳食纤维	3.3克
脂肪	1.9克

三、食材功能

性味 味甘，性平。

归经 归脾、胃经。

功能 中医认为，麦芽具有疏肝解郁、健脾开胃、消食化积的功效。可用炒麦芽治疗脾胃虚弱、饮食积滞、乳汁郁结等症状，亦可用于产后回乳。

麦芽中含有抑制催乳素的活性成分，可预防乳腺增生及乳腺癌的发生。

四、烹饪与加工

煮茶

将麦芽放入锅内，加适量清水烧沸，用小火煎煮25分钟，滤出汁液，再加入清水适量，继续煮20分钟。合并二次煎液，加入白糖，拌匀即可。

麦芽茶

煮粥

准备去子山楂，切块；大米洗净，提前浸泡30分钟。用适量清水煮麦芽和陈皮，大火烧沸后改为文火，放入大米，水再次烧沸后，放入山楂块，小火继续熬煮，待粥煮熟时，关火即可。

麦芽可以加工成麦芽粉、炒麦芽、麦芽啤酒等食品、饮料。

麦芽粉

五、食用注意

（1）麦芽可回乳，减少乳汁分泌，孕妇、乳妇忌食。

（2）无积滞、脾胃虚者忌食。

（3）痰火哮喘者忌食。

稼穑作甘

在原始社会中，当人们步入农耕为主的时代以后，收获的谷物越来越多。由于没有较好的贮藏设备和处所，谷物雨淋受潮的机会是很多的，于是便会发芽。而人们又舍不得丢弃这种发芽的谷物，仍然取来炊煮食用，结果发现它变得有些甜味，更加可口。这也就是说，尝到了麦芽糖的味道。

《尚书》中就已有“稼穑作甘”的话，意思就是耕作、收获的谷物可制作出味甜的糖。

今天要说一个“稼穑作甘”的故事，发生在隋朝末年。

秦叔宝和程咬金都是唐王朝的开国英雄，是凌烟阁上的卢国公与胡国公。但是这秦叔宝和程咬金也不是常胜将军，据说有一次败给宇文成都，便落难于乡间。四面都有隋兵搜寻，二人藏身一户农家的谷仓，不敢轻举妄动。

三天过去，饥饿难耐。程咬金实在受不了了，说再不吃东西就要饿死人了，还不如出去拼一拼。还是秦叔宝镇静，他看谷仓里残留有发了芽的麦粒，又偷偷溜进厨房，找到一些糯米糊，让程咬金放在一起煮。结果程咬金煮着煮着睡着了，醒来时已经成了一锅糊。没办法，成糊了也得吃啊。这一吃却有了惊喜，这糊竟然是糖！香甜异常，令人齿颊留香。

他俩都不明白，粮食怎么就给自己煮成糖了！后来，这就成了“麦芽糖”的一种制作方法。

山药

腐儒碌碌叹无奇，独喜遗编不我欺。
白发无情侵老境，青灯有味似儿时。
高梧策策传寒意，叠鼓冬冬迫睡期。
秋夜渐长饥作祟，一杯山药进琼糜。

——《秋夜读书每以二鼓尽为节》
（南宋）陆游

一、物种本源

拉丁文名称，种属名

山药（*Dioscorea opposita* Thumb.），薯蓣科薯蓣属，植物薯蓣的根茎，为多年生缠绕草本植物的块茎。山药又名淮山药、山芋、修脆、薯芋、白药子、薯药、玉延、延章、日莒、山诸、长薯、佛掌薯、薯蓣、土薯、山薯蓣、怀山药、淮山、白山药、水山药、毛山药、光山药等。

形态特征

山药呈圆柱形，弯曲而稍扁，表面黄白色或淡黄色，有纵沟、纵皱纹及须根痕，偶有浅棕色外皮残留。体重，质坚实，不易折断，断面白色，粉性。无臭，味淡、微酸，嚼之发黏。

习性，生长环境

山药要求肥沃的、排水良好的沙质土壤，喜温暖向阳的地方，但怕霜冻。

山药是一种药食兼用的作物，品种有铁棍山药、水山药、小白嘴山药、牛腿山药、大和长芋等。铁棍山药乃山药中的极品，品种跟普通山药不同，要小一些、短一些，但营养丰富，肉质瓷实，口感很好。水山药是山药中体形比较粗壮的，直径约为5厘米，同时身材呈直筒型。顾名思义，水山药含水量较多。

山药原名薯蓣，我国是山药的原产国，已有3 000多年栽培食用历史，早在战国秦汉时期成书的《山海经》中，就有薯蓣的文字记载。

二、营养及成分

山药块茎肥厚多汁，又甜又绵，且带黏性，生食热食都是美味。根据山东省农科院对山药的化验结果，人类所需的18种氨基酸中，山药中含有16种。每100克山药主要营养成分见下表所列。山药还含皂苷、黏液质、胆碱、尿囊多巴胺、山药碱、止杈素、植酸等。

成分	含量
淀粉	43.7克
粗蛋白质	14.5克
灰分	5.5克
粗纤维	3.5克
钾	2.6克
糖	1.1克
磷	0.2克
钙	0.2克
镁	0.1克

三、食材功能

性味 味甘，性平。

归经 归脾、肺、肾经。

功能 山药有健脾补肺、固肾益精、聪耳明目、助五脏、强筋骨、长智安神、延年益寿等功效。可用于脾胃虚弱、食少体倦、肺虚痰喘久咳、消渴多饮、肝昏迷等病的康复食疗。

（1）健脾益胃。山药含有淀粉酶、多酚氧化酶等物质，有利于脾胃消化吸收功能，是一味平补脾胃的药食两用之品。不论脾阳亏或胃阴虚，皆可食用。临床上常用于治疗脾胃虚弱、食少体倦、泄泻等病症。

（2）滋肾益精。山药含有多种营养素，有强健机体、滋肾益精的作用。大凡肾亏遗精，妇女白带多、小便频数等症，皆可服之。

（3）益肺止咳。山药含有皂苷、黏液质，有润滑、滋润的作用，故可益肺气，养肺阴，治疗肺虚久咳之症。

（4）降低血糖。山药含有黏液蛋白，有降低血糖的作用，可用于治疗糖尿病，是糖尿病患者的食疗佳品。

四、烹饪与加工

（1）蒸食、做粥，或是制作各种甜品都很适合。蒸好后，浇上蓝莓汁，或是糖桂花，都非常美味。蒸熟的铁棍山药，口感绵密，又干又绵又甜。

铁棍山药

（2）水山药口感脆嫩，适合用来炒菜，也可以用来制作甜汤。这种山药黏液较多，煮出来的甜汤口感也十分浓稠。水山药同样也是涮火锅的首选。

（3）煮熟的灵芝山药，不糊，软硬适中，香而糯，糯而不腻，味道香甜。用灵芝、山药和排骨、鱼头、牛肉等煲汤的时候，越煮越鲜，不用放味精就把食物本身的鲜味发挥到极致。

山药片

山药营养丰富，食药两用，是食品工业的重要原料。下面介绍几种山药产品的加工技术。

（1）山药粉。选择光滑、条形直顺的新鲜山药，将去皮后的山药，用不锈钢刀切成薄片后立即进行固化处理，接着放入沸水锅中烫漂后烘干磨粉，最后包装好，即为成品。

（2）山药果脯。以新鲜山药块茎为原料，刮去外表皮，挖净斑眼，顺着纤维长势切成均匀条状，进行护色、硬化，烫漂除去黏液，煮制、浸渍、烘烤，等产品冷却后，剔除不合格的产品，包装后即为成品。

（3）山药酸奶。取新鲜山药，洗净，去皮，护色，破碎打浆过滤得到山药汁，接着进行原料调配，过滤，预热，均质，杀菌，冷却，接种发酵，检验制成母发酵剂，用以上方法再扩大生产发酵剂。

五、食用注意

（1）山药切片后需立即浸泡在盐水中，以防止其氧化发黑。

（2）山药有收涩的作用，故大便燥结者不宜食用；另外有湿邪者忌食山药。

（3）山药皮中所含的皂角素或黏液里含的植物碱，少数人接触会引起过敏而发痒，处理山药时应避免直接接触。

山药与野王国

古时候，焦作一带有一个小国，叫野王国。由于国小势弱，常被周边的一些大国欺负。

一年冬天，一个大国派军队入侵野王国，野王国的军力不足，打了败仗。战败的军队逃进了深山，可偏又遇到天降大雪，大国的军队封锁了所有的出山道路，欲将野王国的军队困死在山中。大雪纷飞，天寒地冻，将士们饥寒交迫，许多人已奄奄一息。正当绝望之际，有人发现一种植物的根茎，吃起来味道还不错，而且这种植物漫山遍野到处都是。饥饿的士兵们喜出望外，纷纷去挖这种植物的根茎吃。

没想到，这根茎不仅解决了温饱问题，更为神奇的是，吃了这种根茎后，将士们体力大增，就连吃这种植物蔓藤和叶枝的马也强壮无比。恢复元气的野王国军队士气大振，出山作战，一鼓作气，收回失地，保住了国家。

后来将士们为纪念这种植物，给它取名“山遇”。随着更多人食用这种植物，人们发现它还具有治病健身的效果，遂将“山遇”改名为“山药”。

栀子

清热解毒医通方，银翘芍甘归地黄，
黄连栀子两相宜，疮疡焮肿服之良。

——《清热解毒汤》（清）张璐

一、物种本源

拉丁文名称，种属名

栀子，茜草科栀子（*Gardenia jasminoides* Ellis）属，又名枝子、山栀子、木丹等，植物栀子的成熟果实，是传统的药食两用植物。

形态特征

一般栀子长15~35毫米，宽10~15毫米，厚10~15毫米，呈现棕红色或黄红色、椭圆瓶形或长卵形的果实。栀子果皮薄而脆，表面有3对翅状纵棱，有光泽。内部果仁为红棕色，有密集的细小疣状突起，作为染色剂可使水呈现鲜黄色。味苦且酸，气微。

习性，生长环境

栀子喜光也能耐荫，怕烈日曝晒。在庇荫条件下叶色浓绿，但开花稍差。喜温暖湿润气候，耐热不耐严寒。喜肥沃、排水良好、酸性的轻黏土壤。

栀　子

目前，全世界有250多种栀子，但在我国只有大黄栀子、钥匙叶栀子、海南栀子和山栀子，主产于河南、安徽、湖南、湖北等省。

二、营养及成分

栀子具有较高的营养保健价值。目前，从栀子中分离纯化并鉴定的化合物有黄酮类（如栀子素类）、有机酸类（绿原酸等）、萜类（如栀子苷类）、多糖、醇、醛等。其中，黄色素占栀子果实的10%，是一种良好的天然色素。

三、食材功能

性味 味苦，性寒。

归经 归心、肺、三焦经。

功能 中医认为，栀子可以泻火除烦，清热利尿，凉血解毒，适用于热病心烦，湿热黄疸，咽痛，吐血，热毒疮疡，扭伤肿痛等症状。

（1）降糖和保肝作用。科学研究发现，栀子中的京尼平苷可以减少胰岛细胞的凋亡，从而促进血糖的降低。此外，京尼平苷还可以通过增强自由基清除能力，减少肝脏中自由基的生产，并可以促进胆汁代谢，抑制炎症因子，从而预防肝细胞损伤。

（2）保护神经及视力作用。栀子中的藏红花素通过抑制炎症因子和提高抗氧化性保护神经系统。此外，藏红花素对青光眼具有一定的疗效，对视力具有保护作用。

四、烹饪与加工

栀子茶

栀子和绿茶各30克，加水适量煎成浓汤。每日1剂，分上、下午2

次温服。栀子茶具有泻火清肝等作用，适用于高血压引起的头痛、头晕等症状。

香附栀子粥

香附、栀子适量加水煎煮，去渣取汁与粳米一起煮粥，具有疏肝理气、清热泻火的作用。

栀子作为一种药食两用的物质，现已开发出栀子功能性饮料以及栀子果油等产品。

（1）栀子功能性饮料。以栀子果为原料加工成饮料，不仅赋予饮料特殊的栀子风味，还具有抗氧化、降血压的作用。

（2）栀子果油。栀子果油含有丰富的亚油酸，含量为42%～90%，营养价值高，其中植物甾醇的含量较其他食用油多，因此，栀子果油具有较高的开发利用价值。

栀　子

（3）栀子色素系列产品。栀子果实中黄色素占其总质量的10%，是一种优质的天然色素，常用于蛋白和淀粉类产品的染色，具有较强的水溶性，染色后的食品无异味并赋予食品更高的营养价值。

五、食用注意

（1）脾虚便溏者暂勿食用。

（2）胃寒者暂勿食用。

史载栀子的身价

栀子，为茜草科常绿芳香植物。夏天开花，洁白如雪，清丽可爱，满室幽香，是叶、花均美的观赏性花卉。栀子在古代被人们奉为祥符瑞气，受到虔诚隆重的礼遇。《史记·货殖列传》载："若千亩栀茜……此其人与千户侯等。"

迄至晋代，栀子更受珍视。据《晋令》说："诸宫有秩，栀子守护者置令一人。"可见其身价之高贵，为看守栀子，还特设一吏。

据《四川志》记载，唐朝有个叫白上坪的地方，种栀子"家至万株，望如积雪，香闻十里"。栀子一片翠绿发亮，花形独持，花色乳白。初夏时陆续开放，清香宜人，深受人们喜爱。历代文人雅士留下许多吟诵栀子的诗篇。

南北朝刘令娴的《摘同心栀子赠谢娘因附此诗》："两叶虽为赠，交情永未因。同心何处恨，栀子最关人。"宋代杨万里（1127—1206）的《栀子花》诗云："孤姿妍外净，幽馥暑中寒。"栀子花由于四季常绿、芳香浓郁，无论是栽植在公园道旁、庭前院后，还是入室作盆景，都很清雅。栀子与其他红色花卉相配衬，更是秀丽多姿。女子作胸花佩戴，既美观，又香气。

枸杞子

神药不自閟，罗生满山泽。
日有牛羊忧，岁有野火厄。
越俗不好事，过眼等茨棘。
青荑春自长，绛珠烂莫摘。
短篱护新植，紫笋生卧节。
根茎与花实，收拾无弃物。
大将玄吾鬓，小则饷我客。
似闻朱明洞，中有千岁质。
灵庞或夜吠，可见不可索。
仙人倘许我，借杖扶衰疾。

——《枸杞》（北宋）苏轼

一、物种本源

拉丁文名称，种属名

枸杞子（*Lycium chinense* Mill.），茄科枸杞属，为植物枸杞的干燥成熟果实，又名枸杞、枸杞果、杞子、地骨子等。

形态特征

枸杞子主要是根据果长与果径的比值大小来区分，比值大于2厘米的划分为长果类，比值小于2厘米的划分为短果类，比值小于1厘米的划分为圆果类。长果类：果身长达2厘米以上，近似于圆柱形或棱柱形。一般是两端尖，有的是先端圆，果长一般为果径的2~2.5倍。短果类：果型与长果类相似，但果身略短，果长一般为果径的1.5~2倍，这一类枸

枸杞鲜果

杞果色黄，因此兼有黄果类之称。圆果类：果身圆形或卵圆形，先端圆形或具短尖，果长一般为果径的1~1.5倍。

习性，生长环境

枸杞喜光，稍耐荫，喜干燥凉爽气候，较耐寒，适应性强，耐干旱、耐碱性土壤，喜疏松、排水良好的砂质壤土，忌黏质土及低湿环境。对土壤要求不严，以肥沃、排水良好的中性或微酸性轻壤土栽培为宜。

二、营养及成分

枸杞子所含营养成分非常丰富。据测定，每100克枸杞子含有维生素A、B_1、B_2、C，烟酸，还含甜菜碱、叶黄素、酸浆果红素和人体必需的微量元素。枸杞子是营养全面的天然原料。枸杞子中含有大量的蛋白质、氨基酸、维生素和铁、锌、磷、钙等人体必需的营养成分，有促进和调节免疫功能、保肝和抗衰老三大药理作用。每100克枸杞子主要营养成分见下表所列。

成分	含量
碳水化合物	22~52克
蛋白质	13~21克
脂肪	8~14克

三、食材功能

性味 味甘，性平。

归经 归肝、肾经。

功能 功效为滋补肝肾，益精明目，可用于虚劳精亏、腰膝酸痛、眩晕耳鸣、阳痿遗精、内热消渴、血虚萎黄、目昏不明等症。

(1) 提高免疫力，保护肝脏。枸杞子中主要的活性成分是枸杞多糖，具有免疫调节、抗氧化、调节血脂和血糖等作用。枸杞多糖能促进腹腔巨噬细胞的吞噬能力，对人体具有改善新陈代谢、调节内分泌、促进蛋白合成、加速肝脏解毒和受损肝细胞的修复，抑制胆固醇和甘油三酯的功能，并且对肝脏的脂质过氧化损伤有明显的保护和修复作用。

(2) 明目作用。类胡萝卜素是枸杞子的第二大类活性成分，主要包括玉米黄质（占总类胡萝卜素的83%）、β-隐黄质（7%）、β-胡萝卜素（0.9%）。枸杞子中含量最高的玉米黄质，广泛分布于人体的组织中，是眼球晶状体和视网膜黄斑区域的主要类胡萝卜素。大量文献表明，玉米黄质减轻了视觉问题并抑制了视网膜组织中的氧化应激，从而延缓晶状体的老化。枸杞子含有丰富的维生素A、B、C，以及钙、铁等有益眼睛的必需营养，有良好的明目作用。

枸杞茶

四、烹饪与加工

枸杞子的食用方法很多，常见的有嚼服、泡水（酒）、煮粥、煲汤等。晾干容易保存，普通袋装的一般为七到八成干，不宜大量堆积库存，要经常取出在阳光下面晾晒，否则时间久了会粘连变质。

煮粥

枸杞子是常用的营养滋补佳品，在民间常用其煮粥或同其他药物、食物一起食用。

泡酒

用枸杞子泡酒喝能提高细胞免疫力，促进造血功能，还能抗衰老、保肝及降血糖，并对视力减退、头昏眼花起到一定的疗效。

菊花枸杞

取菊花3~5朵，枸杞子一小撮放入沸水泡10分钟即可饮用。

五、食用注意

（1）脾胃虚弱有寒湿、泄泻、外感热邪等病症时不要吃枸杞子；由于它温热身体的效果相当强，正在感冒发烧、身体有炎症、腹泻的人最好勿食。

（2）枸杞子含糖量较高，每100克含糖19.3克，因此糖尿病患者慎用。

枸杞延年益寿的传说

从前，有一位书生体弱多病，到终南山寻仙求道。在山中转了好几天，也没有见到神仙的踪影。正烦恼时，忽见一年轻女子正在打骂一年迈妇人，赶忙上前劝阻，并指责那年轻女子违背尊老之道。那女子听了，呵呵笑道："你当她是我什么人？她是我的小儿媳妇。"

书生不信，转问那老妇，老妇答道："千真万确，她是我的婆婆。今年92岁了，我是她第七个儿子的媳妇，今年快50岁了。"书生看来看去，怎么也不像，遂追问缘由。

那婆婆说："我是一年四季以枸杞为生，春吃苗、夏吃花、秋吃果、冬吃根，越活越健旺，头发也黑了，脸也光润了，看上去如三四十岁。我那几个儿媳妇照我说的常常吃枸杞，也都祛病延年。只有这个小儿媳妇好吃懒做，不光不吃枸杞，连素菜也不大吃，成天鸡鸭鱼肉，吃出这一身毛病。"书生听了这番言语，回到家里，也多买枸杞服食，天长日久，百病消除，活到了80多岁。

黑芝麻

蓬鬓荆钗世所稀，布裙犹是嫁时衣。
胡麻好种无人种，正是归时底不归？

——《忆良人》（唐）葛鸦儿

一、物种本源

拉丁文名称，种属名

黑芝麻，胡麻科胡麻（*Semen Sesami Nigrum*）属，为植物黑芝麻的干燥成熟种子，也称黑油麻。

形态特征

黑芝麻外形为扁圆形，种子光滑有油香。芝麻全国均有种植，安徽、湖北等省是其主要产地。芝麻开花结果在夏末秋初，花腋生，由基部向上依次开放，民间称“芝麻开花节节高”。

习性，生长环境

黑芝麻是短日照喜光作物，全生育期都需要充足的阳光。黑芝麻喜温、怕涝、稍耐旱，尤其是耐涝性差。

二、营养及成分

黑芝麻营养丰富，有利于人体健康。据统计，其所含的脂质主要由油酸和亚油酸组成，分别占到总油脂的45%和35%左右。此外，黑芝麻中还含有维生素和矿物质，例如维生素A、E，钙，铁等。每100克黑芝麻主要营养成分见下表所列。

成分	含量
脂类	45克
碳水化合物	20克
蛋白质	15克
膳食纤维	10克

三、食材功能

性味 味甘，性平。

归经 归肝、肾、大肠经。

功能 中医认为，黑芝麻具有补肾强精的作用，可以补脑益智，延年益寿。黑芝麻传入我国后，成为一味中草药，被《本草纲目》收录。食用黑芝麻对须发早白、血虚眩晕和肠燥便秘具有较好疗效，古人评价它是“八谷之中，唯此为良”。

（1）降血压作用。经常食用芝麻，可以有效降低高血压的患病概率。黑芝麻还可作为食疗代替品，减少高血压患者降血压药物的摄入。

（2）消炎作用。黑芝麻油具有消炎止痛、解毒清热的功效，可以用于口腔护理和外表皮护理，以及预防产后乳头皲裂、小儿红臀等。

四、烹饪与加工

黑芝麻糕

以黑芝麻粉、面粉、蜂蜜、鸡蛋等为原料，和面发酵后蒸熟即得，具有保肝、健胃等功效。

黑芝麻桑葚糊

以黑芝麻、桑葚、大米等为原料，捣烂或捣碎后，加水煮成糊状即可出锅。

黑芝麻糕

黑芝麻植物蛋白饮料

以黑芝麻酱为主要原料制备植物蛋白饮料，配方中黑芝麻酱、果萄糖浆、全脂乳粉等原料的浓度分别为3%、3.75%和1%，此外再加入一定比例的乳化剂、稳定剂和香精，经调配、灌装和杀菌等步骤，即得产品性状稳定、口感优良的黑芝麻饮品。

黑芝麻粉

五、食用注意

（1）黑芝麻含油量高，容易引起腹泻，慢性肠炎患者不食或少食。

（2）黑芝麻具有润肠通便功效，便溏腹泻患者不宜食用。

3粒黑芝麻考儿媳妇

很早以前，阳曲县黄寨地区有一户姓刘的农家，三代同堂，人丁兴旺，男耕女织，生活安乐。这户人家有三个儿子，都已娶了媳妇，而且三个媳妇都为刘家各生了一个大胖小子，一家人过得和和美美，有滋有味，真应了一句俗语：芝麻开花节节高。

这一天，上了年纪的老公公忽然心血来潮，想考考三个儿媳妇，看哪一个更会持家。于是把三个孙子都叫到自己屋里，拿出3粒饱满的黑芝麻分别放在三个孙子的手心里，并嘱咐道："把黑芝麻交给你们的母亲，其他的不用问。"

大媳妇接到儿子拿回的黑芝麻说："要这一粒黑芝麻能做什么。"不假思索就把黑芝麻丢进了嘴里。二儿媳妇拿到儿子给自己的芝麻说："这一粒黑芝麻有甚用！"随手就扔在了地上。只有三儿媳把这粒黑芝麻种进了花盆中，不几日就长出了芝麻苗。她精心照料，按时浇水，一株绿油油的黑芝麻苗长成了，一直到开花结籽。到黑芝麻成熟的时候，三儿媳收获了63粒新黑芝麻。第二年春天，她又把这63粒黑芝麻种入了花池里，这样年复一年，三儿媳种的芝麻年年丰收，积少成多。老公公看在眼里，喜在心头，默默称赞，三儿媳不仅聪明而且是个当家理财的能手。

胖大海

声嘶力竭嗽音哑，利咽润肺效非差。
春瘟冬邪喉生痰，泡饮莫大一壶茶。

——《饮大洞果茶》（清）童休

一、物种本源

拉丁文名称，种属名

胖大海（*Sterculia lychnophora* Hance），梧桐科苹婆属，为植物胖大海的干燥成熟种子。因其果干小，泡开膨胀后是干时的20倍，故名。其又名莫大、大洞果、故大发、彭大海、胡大海、安南子、大海子等，以个大、坚硬、有皱纹与光泽、棕黄色、不破皮、外皮细为佳。

形态特征

胖大海为落叶乔木，一般高可达到40米，叶片革质，椭圆状披针形或卵形，单叶互生，宽6～12厘米，长10～20厘米，通常为3裂，光滑无毛。其圆锥花序腋生或顶生，花杂性同株；花萼钟状，深裂；雄花具有10～15个雄蕊；雌花具有1枚雌蕊。种子棱形或倒卵形，一般为土黄色或深褐色。

习性，生长环境

胖大海原产于热带，要求年平均温度为21～24.9℃。较耐旱。胖大海是喜阳植物，在阳光下，芽生长肥壮，叶片宽大浓绿。

胖大海主产于河南、广西等省、自治区。

胖大海果

二、营养及成分

胖大海的种子外层含有西黄芪胶黏素，果皮中含有戊糖、半乳糖等成分。

三、食材功能

性味 味甘，性寒。

归经 归肺、大肠经。

功能 清热润肺，利咽开音，润肠通便。用于热结便秘、头痛目赤、肺热声哑、咽喉干痛等症。胖大海性质寒凉，因此，由肺热导致的咽喉肿痛可以采取单用泡茶，或者协作其他清热解毒、利咽的中药一起服用，都是非常有效果的。胖大海既能润肺燥又能清肺热，可治疗由于肺阴不足导致的无痰或者干咳少痰等症状。

胖大海树

（1）毒理作用。胖大海具有一定的毒性，其果仁可引起动物肺充血水肿、呼吸困难、运动失调，还有极少数的患者对胖大海产生过敏，严重者可能会致命。由0.4%胖大海、0.1%甘草、4.5%茶叶并加入一定量蔗糖泡制胖大海凉茶，一般不会产生毒性。

（2）药理作用。胖大海种子浸出液具有缓泻作用；胖大海种仁有明显降压作用，有抑病毒、利尿、镇痛、抗炎（多糖类物质，腹腔内注射效果好，肠道不吸收）、杀菌作用，对腹泻、急性扁桃体炎、干咳、便血有辅助食疗效果，并且能增强脾脏和胸腺功能。

四、烹饪与加工

（1）治疗慢性咽炎或者咽喉部不适，取胖大海9克、桔梗5克、生甘草5克，沸水闷泡10分钟后代茶饮。治疗大便秘结，取胖大海2枚、地榆炭5克、荆芥炭3克、炒槐花5克和适量冰糖，倒入茶杯中，倒入新鲜的开水，浸泡约20分钟，代之以茶，然后加开水浸泡几次直至无味，每天早晨和下午各浸泡一剂。

（2）治疗细菌性痢疾，取胖大海15克，用200毫升开水冲泡即可。

（3）治疗慢性咽炎，取金银花、麦冬适量，加胖大海2枚，用开水泡代茶饮。

五、食用注意

（1）胖大海性寒，故由风寒感冒而引起的咽喉肿痛、咳嗽者忌用。

（2）不可长期服用，每次不超过3枚，以防止中毒。

（3）极少数的人对胖大海会产生过敏反应，会危及生命，因此，服用必须在医生指导下进行。

（4）脾胃虚寒者、孕妇、便溏者忌服。

（5）胖大海当茶饮可缓解咽肿疼痛，有消炎作用，但症状减缓和痊愈即止，不可久服常服，防止蓄积中毒。

胖大海药名的由来

在古代，有个叫彭大海的青年经常跟着叔父乘船从海上到安南（今越南）大洞山采药。大洞山有一种神奇的青果能治喉病，给喉病患者带来了福音。但大洞山上有许许多多野兽毒蛇出没，一不小心就会丧命。彭大海深知穷人的疾苦，他和叔父用采回来的药给穷人治病，少收或不收钱，穷人对大海叔侄非常感激。

有一次叔父病了，大海一人到安南大洞山采药，但是一去几个月不见回来，父老乡亲们不知出了什么事。等叔父病好了，便到安南大洞山了解缘由。叔父回来后说："据当地人传说，去年有一个和我口音相似的青年采药时，被白蟒吃掉了。"大海的父母听了大哭，邻友们也跟着伤心流泪，说他为百姓而死，大家会永远记住他，便将青果改称"彭大海"，又由于大海生前比较胖，也有人叫"胖大海"。

肉豆蔻

留取园中数亩赊，拟栽灵药谢纷华。
儿童今日知翁喜，移得君家豆蔻花。

——《谢邢少连送葡萄豆蔻栽》
（南宋）张栻

一、物种本源

拉丁文名称，种属名

肉豆蔻（*Myristica fragrans* Houtt.），肉豆蔻科肉豆蔻属，又名迦拘勒、玉果、肉寇、豆蔻、顶头肉等，是植物肉豆蔻的干燥种仁。

形态特征

肉豆蔻为长2～3厘米、直径1.5～2.5厘米、灰色或灰黄色的卵状或椭圆形果实，质地坚硬，有浓郁的芳香，味微苦且辛辣，常用作香料和中药。

习性，生长环境

肉豆蔻喜热带和亚热带气候。适宜生长的气温为25～30℃，抗寒性弱。忌积水。幼龄树喜阴，成龄树喜光。以土层深厚、松软、肥沃和排水良好的土壤栽培为宜。

文献记载，肉豆蔻原产于热带地区的马鲁古群岛，后来引进国内，现在台湾、云南、广东等省均有栽培。

肉豆蔻果实

二、营养及成分

肉豆蔻含有较多的活性成分。挥发油中主要含有肉豆蔻醚、丁香酚、去氢二异丁香酚、肉豆蔻酸等。每100克肉豆蔻主要营养成分见下表所列。

成分	含量
脂肪油	25~46克
挥发性油	5~15克

三、食材功能

性味 味辛，性温。

归经 归脾、胃、大肠经。

功能 有温中行气、涩肠止泻的作用。适用于脾胃虚寒，久泻不止，脘腹胀痛，食少呕吐等症。《药性本草》中记载肉豆蔻："治小儿吐逆，不下乳，腹痛，宿食不消，痰饮。"

（1）镇静催眠作用。研究发现，从肉豆蔻中提取的挥发性油脂具有抑制中枢神经、安眠等作用，这可能与其含有的甲基异丁香酚等化合物有关，并在动物学实验中得到验证。

（2）抑菌作用。肉豆蔻中的甲基异丁香酚等成分对金黄色葡萄球菌和肺炎双球菌等具有抑制作用。

（3）对胃肠道的刺激作用。肉豆蔻含有的挥发性油成分可以刺激肠胃道，少量的挥发油可以刺激肠道蠕动以及胃液的分泌，但过量则会抑制肠道蠕动以及胃液的分泌。

四、烹饪与加工

肉豆蔻是一种传统的香料，主要用于调配各种调味料用于烹调，以下列举几种常见的用法：

（1）与其他香辛料共同用作火锅、卤料等中餐的调味。

（2）磨粉后用于牛羊肉、蔬菜沙拉等西餐的调味。

（3）可以用作巧克力、饼干、布丁等糕点的辅料，或者加入鸡尾酒中调香。

肉豆蔻粉

肉豆蔻油

肉豆蔻成熟果实，取其干燥果仁，先榨取油脂，再经水蒸气蒸馏，得到淡黄色液体即为肉豆蔻油。可用于肉类、饮料等食品的加工，也可用于香水和化妆品等行业。

五、食用注意

肉豆蔻微毒，过量服用可致中毒，会导致人昏迷、瞳孔散大及惊厥等。

肉豆蔻治寒泻赤白痢的传说

相传，北宋仁宗年间，正值夏末秋初，李娘娘在宫中突发寒泻赤白痢不止。太医们用了很多药方，但就是不见好转。仁宗别无他法，只得向全国颁发了一道征求良医妙药的诏令。

江苏常州府城门口也贴了一份诏令。内容是若有人能治好李娘娘的病，官封三品。可诏令贴出3天，也未见人问津。

这时，一位茅山采药老汉走上前来伸手将诏令揭了下来。看诏令的武士大声喝道："哎！老家伙，你有几个脑袋，竟敢揭诏令？"

老汉呵呵大笑："没有金刚钻，哪敢揽这细瓷活？李娘娘这病我包啦！"

武士见他夸下海口，忙将他带去见常州知府。知府一看这采药老头貌不惊人，半信半疑地对老汉说："老人家，这可是给皇娘治病，莫当儿戏！"

老汉手捻银须满不在乎地说道："我苟活如此岁数，难道还能提着脑袋和皇家闹着玩吗？"

知府又问："你老人家打算用什么灵丹妙药为皇娘治病？"

采药老汉指着药篓中淡红色、大拇指大、近梨形裂成两半的果实，说："就是它。"

常州知府大吃一惊，又问："凭这果实治得了皇娘的疑难症？"

采药老汉胸有成竹地说："这果实叫肉豆蔻，我用这果实不知治好多少像诏令上所说的病呢！"

常州知府派出车马，日夜兼程，将采药老汉送往京城。采药老汉到了京城后，到御膳房，置麸皮于锅内，武火加热，待起烟时再投入肉豆蔻。直炒到外表橘黄，取出，筛去麸皮，冷后碎细，他当众先尝，然后转交太监送李娘娘服用，并规定剂量。果然药到病除，治好了李娘娘的病。

大枣

人言百果中，唯枣凡且鄙。
皮皴似龟手，叶小如鼠耳。
胡为不自知，生花此园里。
岂宜遇攀玩，幸免遭伤毁。
二月曲江头，杂英红旖旎。
枣亦在其间，如嫫对西子。
东风不择木，吹煦长未已。
眼看欲合抱，得尽生生理。
寄言游春客，乞君一回视。
君爱绕指柔，从君怜柳杞。
君求悦目艳，不敢争桃李。
君若作大车，轮轴材须此。

——《杏园中枣树》
（唐）白居易

一、物种本源

拉丁文名称，种属名

大枣，为鼠李科枣（*Ziziphus jujuba* Mill.）属，是植物枣的成熟果实。

形态特征

大枣树为落叶灌木，高度可以达到10米，树枝无毛但是有着成对的针刺。其花期一般为5—6月份，秋季成熟。大枣果实一般为椭球形或球形，长度和大小各异。大枣的表面为暗红色，外表富有光泽，有不规则纹路。

习性，生长环境

大枣生活在光照充足的环境中，喜欢干燥天气，同时具有耐旱涝的特性，因此对土壤要求不严格，全国各地均有种植。大枣的起源地是中

鲜大枣

国，在中国的文字记载就有3 000多年，从古代就被列为“五果”（栗、桃、李、杏、枣）之一。

二、营养及成分

大枣具有很高的营养价值及药用价值。据中医记载，大枣具有润肺、治疗寒热的特效。和其他枣相似，其含有的单宁可以入药，而其中的维生素、磷是治疗高血压的有效物质。另外，其降血脂和胆固醇作用也被广为推崇。

大枣中含有大量的维生素，如维生素C、维生素B、尼克酸等。大枣中其他物质如枣碱、枣宁、儿茶酚也很丰富，此外大枣还含有13种常见氨基酸以及大量微量元素。每100克大枣主要营养成分见下表所列。

成分	含量
碳水化合物	81.1克
蛋白质	2.1克
钾	185毫克
钙	54毫克
磷	34毫克
铁	2.1毫克
锌	0.5毫克
锰	0.3毫克
铜	0.3毫克

三、食材功能

性味 味甘，性温。

归经 归脾、胃、心经。

功能 主要功效是补脾和胃、益气生津、养血安神、调和诸药药性。大枣可以治疗脾胃虚弱、气血亏虚、津液不足等症状。

（1）提高免疫力。相关研究表明，大枣的活性成分多糖种类丰富，如粗多糖、中性多糖、酸性多糖均能促进淋巴细胞增殖，但中性多糖促进增殖作用比酸性多糖强（与其化学组成及分子量大小有关）。当给小鼠连续7天灌服不同剂量的大枣多糖400毫克/千克、200毫克/千克时，可显著提高小鼠腹腔细胞的吞噬功能，促进溶血素和溶血空斑，促进淋巴细胞转化及提高外周血淋巴细胞分解。

（2）抗氧化及抗衰老作用。以小鼠为实验的研究对象，从小鼠的颈背部注射D-gal建立衰老模型，灌服不同剂量的大枣提取物，结果显示：不同剂量的大枣均可提高小鼠脑组织超氧化物歧化酶活性，并能降低脑组织丙二醛含量，有抗氧化作用；当用半乳糖构建致衰模型的小鼠后，用大枣多糖灌服小鼠，发现大枣提取物可明显延缓小鼠衰老。

四、烹饪与加工

大枣小米粥

小米淘洗干净之后用凉水浸泡片刻，随后将大枣切成细丝放入已经浸泡的小米之中，在小火上慢熬40～45分钟即可食用。

大枣煨南瓜

南瓜去瓤，洗净后切成2厘米大小的南瓜块。煲锅中加适量清水，放大枣煮沸。南瓜入锅，大火煮开后转中小火炖到南瓜熟透，一般需要炖15～20分钟。加入红糖煮溶化即可关火。

大枣煨南瓜

大枣烧肉

猪五花肉300克洗净，切小方块。炒锅烧热放少许花生油，下葱、姜片煸炒，放猪五花肉、葡萄酒、酱油、适量鸡汤，烧开。小火煨五成熟后，放入洗净大枣数枚，待熟透，入盘。

大枣醋

枣醋是用枣或枣汁为原料，在传统酿造工艺的基础上经现代生物工程技术两次微生物发酵酿制而成的醋，其口味独特，味道甜美。

大枣罐头

枣罐头是以优质红枣和白砂糖为原料加工而成的，并通过现代化的加工技术，使罐头的味道更好，储存时间更长。

五、食用注意

（1）吃枣时应细细咀嚼，不可囫囵吞枣；不可食用过多，否则会损伤肠胃。

（2）枣皮中含有丰富的活性营养成分，在炒菜和炖汤时应连皮一起烹调，营养价值丰富。

（3）腐烂的大枣在微生物的作用下会产生果酸和甲醇，人吃了烂枣会出现头晕、视力障碍等中毒反应，重者可危及生命，所以要特别注意。

枣的由来

相传，在远古的时候，龙王积累了许多宝石，堆成一座珠宝山，闪闪发光。这引起了太阳神的妃子白玉凤星的嫉恨，她命土地神用黄沙填没了珠宝山。黄河发大水时，舜派禹前往治理洪水。

禹的女儿叫璪，十分聪明，13岁就告别了妈妈，帮爸爸去治理河水。在一个漆黑的夜晚，她脚下一滑，摔倒在河堤上。她把手使劲向河堤的泥土里插去，这才没有掉下去。可当她把手抽出来时，一束亮光从小洞里射了出来。她一看原来是许多宝石，就顺手抓了一块红颜色的宝石。这时的璪又累又饿，心想，如果宝石能吃那该有多好呀。她想着想着，就情不自禁地把宝石放在嘴里。谁知，宝石一到嘴里，立刻流出了甜丝丝的汁水。璪咽了几口，就觉得不饿了。

土地神见璪拿到了宝石，就对璪说，这宝石必须埋在泥沙里，如果被白玉凤星知道，一定会来找麻烦的。璪遵照土地神的嘱托，将这颗宝石又埋在了河堤上。

后来璪告诉了父亲宝石的事，禹高兴地对女儿说，咱们快把宝石找出来，好帮助灾民度过饥荒。

父女俩来到埋宝石的河堤上，只见那里有一棵大树，树上挂满了果子，那果子红红的和宝石一模一样。璪摘了一颗尝尝，又甜又脆。原来那宝石受了大自然的润泽，灵气强盛起来，长成了一棵大树，树上结出了和自己一模一样的果实。

父女二人赶忙把树上的果子摘下来，分给饥民们。可饥民太多了，一棵树上的果子怎么够分呢？于是璪就让父亲先回家，她留下来夜夜种树。日复一日，月复一月，不到几年，这里就长满了这种结着宝石般果子的果树。

因为树是璪种出来的，大家就叫它璪树。为了与璪的名字相区别，人们创造了一个“枣”字，既有“木”字说明枣树是木质植物，还有一个“巾”字，说明是一个巾帼能人种的，人们嫌写一遍不能表达对璪的敬意，于是连写两遍，这就是繁体字“枣”的来历。

白果

天师洞前有银杏，罗列青城百八景。
玲珑高出白云溪，苍翠横铺孤鹤顶。
我来树下久盘桓，四面荫浓夏亦寒。
石碣仙踪今已渺，班荆聊当古人看。
故国从来艳乔木，况甘隐沦绝尘俗。
状如虬怒远飞扬，势如蠖曲时起伏。
姿如凤舞云千霄，气如龙蟠栖岩谷。
盘根错节几经秋，欲考年轮空踯躅。

——《银杏歌》（清）李善济

一、物种本源

拉丁文名称，种属名

白果（*Ginkgo biloba* L.），银杏科银杏属，又名灵眼、银杏、银杏核、公孙果、佛指柑等，为植物银杏的成熟种子。

形态特征

白果是银杏树果实的种子，形状为椭圆形，外果皮呈现淡黄棕色或黄白色，一端稍尖一端稍钝，平滑且坚硬。

习性，生长环境

银杏树是暖温带和亚热带树种，适生于年平均气温12~18℃的地方。喜光，要求较强的光照才能满足其光合作用的需要。

白果鲜果

银杏树的根系比较发达，抗旱能力较强，一般不用灌溉，雨季还要特别注意排水防涝。银杏树对成土母岩、土壤质地和酸碱度有一定的生态适应幅度，但是要求土层深厚、疏松、湿润、肥沃的沙壤土和壤土，在这种土壤条件下，银杏树速生，产量高、种核大，树体寿命长。

银杏树原产于中国，在全国的22个省市均有分布，是现存种子植物中最古老的孑遗植物。

二、营养及成分

白果营养丰富，具有很高的药用价值、保健价值和食用价值。除含有蛋白质、脂肪、碳水化合物外，还含有维生素 B_2、维生素E等多种维生素和钙、磷、钾等元素，以及银杏酸、白果酚等成分。

三、食材功能

性味 味甘、苦、涩，性平，生食有毒。

归经 归肺、肾经。

功能 中医认为白果可以敛肺定喘止咳，益脾止泻，缩小便，止白浊。生食降痰，消毒杀虫。

（1）抑菌作用。研究发现，白果具有一定的抗菌活性，对革兰阳性和阴性细菌具有抑制作用，并且可以在体外抑制结核分枝杆菌以及某些皮肤真菌的生长。

（2）祛痰止咳。研究发现，白果乙醇提取物有祛痰作用，可以微弱地松弛离体豚鼠气管上的平滑肌。

（3）止带浊，缩小便。现代医学研究发现，白果可以收缩膀胱括约肌，可作为带下白浊、遗精不固、小儿遗尿、气虚排尿次数多的辅助治疗药物。

四、烹饪与加工

白果可以食用部位是其果仁，白果必须熟食，不能生食，否则会中毒。最常用的烹饪方法有蒸、煮，或用于煲汤、煲粥、制作饮料等。白果仁也可以作为糕点产品的辅料，添加白果仁后的糕点具有独特的清香味，且其糯性增加。

白果休闲食品

白果经过烘烤或者经过糖渍可以制成白果蜜饯等不同口味的白果即食产品。

白果鸡汤

白果面点

白果可以先烘烤后研磨成粉，作为一种辅料添加到蛋糕、面包、饼干等中，加工成白果面点。

白果粉

烘焙后的白果可以与核桃、芝麻以及其他谷物共同研磨成粉，加工成速溶饮品和膨化食品。

五、食用注意

（1）白果必须熟食，在烹饪食用前必须去除白果的果壳、果膜以及其心，否则会中毒。

（2）白果含有少量氢氰酸，大量食用会引起中毒。

白果姑娘的传说

传说，很早以前，有一位穷人家的姑娘叫白果，从小死了爹娘，12岁就给财主放羊，受尽了人间苦难。一日，她在山坡上拾到了一枚奇异的果核，宝贝似的赏玩了几天，舍不得扔掉，最后把它种在了常去放羊的大刘山的一个山坳里。经过几年的精心照料，这颗神奇的种子生根发芽，很快长成了一棵参天大树，每年秋天都会结满黄澄澄的果子。

一天，白姑娘赶着羊群来到了这棵树下，突然接连咳嗽几十声，痰涌咽喉，吐咽不下，顿时昏迷过去。这时，只见从大树上飘下一位美丽的仙女，手里拿着几颗从树上摘下的果子，取出果核，搓成碎末，一点一点地喂进白姑娘口中，片刻，痰就不涌了。白姑娘睁开眼睛，那仙女朝她笑了一下，就飞上大树不见了。惊异的白姑娘赶紧从地上爬起来，从树上摘下许多果子，带到村里，送给有病的人吃。吃一个，好一个，一棵树结的果子，治好了许多咳喘病人。

就这样，一传十，十传百，人们把白姑娘送的果子叫“白果”，那结满白果的大树就叫白果树了。从此白果核治咳喘，连同白果姑娘的故事就被世世代代传了下来。

橘红

冈峦盘曲乱峰堆，翠色青苍望几回。
药圃橘红谁试啖，仙园桃熟客偷来。
花传那子何曾见，种别风流异样开。
欲问偓佺携手处，数声樵唱水云隈。

——《凤山八景》（清）卓肇昌

一、物种本源

拉丁文名称，种属名

橘红（*Exocarpium Citri*），云香科柑橘属，又名朱橘外红皮、福橘外红皮、芸皮等，为植物橘（*Citrus reticulata* Blanco）及其栽培变种的干燥外层果皮。秋末冬初果实成熟后采收，用刀削下外果皮，晒干或阴干，阴干的称为陈皮或橘皮，去掉橘皮内部白色部分后晒干的称为橘红。

形态特征

橘红为长条状或不规则薄片状，边缘向内收缩和卷曲。外表面为黄棕色或橙红色，储存后为棕褐色，密集地覆盖着黄白色突起或凹入的油腔。内表面为淡黄白色，带有密集分散的光点，质脆，芳香。

习性，生长环境

橘适宜于气候温和、阳光充足、土壤湿润的地方种植。既不耐旱，也不耐涝。适温性较强，能在5~38℃气温时正常生长。

橘红产自广东、广西、四川、湖南、湖北、浙江等省、自治区。

橘　红

二、营养及成分

橘红，含黄酮类成分有柚皮苷、新橙皮苷、枳属苷、红橘素、川陈皮素；含挥发油，主要成分为柠檬醛、牻牛儿醇、芳樟醇、邻氨基苯甲酸甲酯、柠檬烯、环氧丁香烯；又含水苏碱、伞形花内脂、蛋白质、脂肪、碳水化合物、胡萝卜素、烟酸、维生素B和维生素C，以及多种矿物质钙、磷、铁等。

三、食材功能

性味 味辛、苦，性温。

归经 归肺、脾经。

功能 《本经逢原》：橘红专主肺寒咳嗽多痰，虚损方多用之，然久咳气泄，又非所宜。《中华人民共和国药典》（2015年版）：“理气宽中，燥湿化痰。用于咳嗽痰多，食积伤酒，呕恶痞闷。”

橘红所含柠檬烯和蒎烯有祛痰、镇咳作用；柠檬烯在体外对肺炎球菌、甲型链球菌、卡他球菌和金黄色葡萄球菌有很强的抑制作用；牻牛儿醇和芳樟醇也有抗菌和抗真菌作用；橘红挥发油对胃肠道有温和刺激作用，有利于胃肠积气的排出，并能促进胃液分泌，有助于食物消化。

橘红片

橘红不仅具有很高的营养价值，而且还具有增强胃、肺功能，促进肠蠕动的作用。它可以促进伤口愈合，对败血症具有良好的辅助作用。另外，由于橘红含有生理活性物质柚皮苷，可以降低血液的黏度并减少血栓的形成，因此对脑血管疾病如脑血栓和中风也具有良好的预防作用。

（1）祛痰止咳。橘红含有较多的柠檬烯，该物质对祛痰止咳效果明显。

（2）抗氧化作用。在橘红水中提取出的有效元素有抑制肝脏（在体和离体）脂质过氧化反应、清除氧自由基的功效。

（3）消炎作用。橘红中含有的柚皮苷，通过科学研究将柚皮苷注射入小鼠腹腔，可减轻小鼠甲醛性足跖肿胀。

四、烹饪与加工

橘红具有苦味，性温燥，对痰有较强的干燥作用，常用于咳痰症等。寒痰湿痰、多咳、痰多，胸膈憋气者可配用半夏、苏子、杏仁、川贝等，增加化痰功效，缓解哮喘咳嗽；口渴咽干者，应与栝楼、知母、款冬花一起使用，以增加润肺、化痰、止咳的作用。

橘红味苦而辛，有理气宽中、健胃消食之功，故常用于食积呕吐、嗳气呃逆、脘腹胀痛等症。与山楂、神曲、枳壳等搭配可消食化滞，治疗食积不化、腹胀呕逆等症状；与白术、苏叶、生姜等同用可起到健脾、止胃呕，适用于妇女妊娠呕恶、口淡乏味症状；若有噎膈反胃、饮食不下症状，可搭配郁金、砂仁等用于理气宽胃快膈。

五、食用注意

气虚、阴虚及燥咳痰少者禁用；不宜过量服用，易引发恶心呕吐以及烦躁不安等不良症状。

“橘红”树的由来

罗江河畔，宝岭山麓，住着一户人家。长者年已古稀，叫戴吉。由于连年天灾兵祸，老伴、儿子、儿媳早已不在人世，只剩下孙女阿红与他相依为命。

老人一生劳累，现今又染上了老年人常犯的痰喘咳嗽病，一步一喘，十步一咳，实是凄凉。家中又无钱拿药，只得每日上宝岭找些止咳化痰的草药来治。

一日，戴吉和阿红又上宝岭找草药。爷孙正在找药，忽然“哧”一声，一只红颈翠羽的鸟落在他们身边。戴吉拾起一看，鸟的右翅已被人打伤，满身血污，不停地挣扎、哀鸣，再也飞不动了。戴吉见状同病相怜之情油然而生。于是，便将这只受伤的翠鸟捧回家中，用“风饮鸣泉”的井水为它洗净伤口，敷上草药。阿红每天都采来草米、竹籽给它喂食。经过爷孙俩十多天的精心料理，翠鸟的伤口已痊愈。

这天，戴吉、阿红捧着翠鸟来到宝岭上将翠鸟放飞回了蓝天。

几天后的中午，爷孙俩正在家里准备喝番薯粥，突听屋外有鸟雀叫声，走出一看，只见放飞的那只翠鸟又回来了。它飞落在老人手掌上，吐出了一粒种子，然后向老人点了点头，飞走了。老人觉得奇怪，叫上阿红将这粒种子种在园子东侧。

过了三三归九天，种子发芽长成了小树。阿红天天浇水，小树一天天长大。

又过了七七四十九天，树开出了洁白的花，结出了满身白绒毛又极芳香的果实。

一日，老人在树下小憩时，抚着这棵奇树。一个果子突然落在地上。戴吉老人刚刚阵发咳嗽，口内冒烟，拾起果子就是一口，顿觉一股异味直刺咽喉，接着眼清口爽，痰去咳止，气顺了很多。

这时，他恍然大悟，翠鸟是为了报答救命之恩，特地为他送来治病的种子的！就这样，戴吉老人用这种果子治愈了自己多年的病症。后来爷孙俩就用这棵树的果子给人们治病。

后人为纪念戴吉和阿红，将这种树命名为“橘红”。

木瓜

古言疾疠由卑湿，木实能医见药书。
有力与人销患难，无心望尔报琼琚。

——《木瓜》（北宋）张舜民

一、物种本源

拉丁文名称，种属名

木瓜［*Chaenomeles speciosa*（Sweet）Nakai］，蔷薇科木瓜属，又名樱木瓜、万寿果、铁脚梨（光皮木瓜）、贴梗海棠（皱皮瓜）等。为贴梗海棠的成熟果实，古称乳瓜。

形态特征

木瓜为长椭圆形，长10~15厘米，暗黄色，木质，味芳香，果梗短。花期为4月份，果期为9—10月份。

习性，生长环境

木瓜树喜光，充足的光照条件对其生长、开花、结果都有一定的促进作用。木瓜树耐旱性较强，但不耐阴湿，怕涝。喜高温干燥气候，高

木瓜树

温期不但生长旺盛，且果实糖分也高。适宜生长的温度为26~32℃。木瓜树在我国广东、广西、福建、云南、台湾等省、自治区有广泛种植。

“投我以木瓜，报之以琼瑶”，这是我国第一部诗歌总集《诗经》中的名句。《尔雅》记述，3 000多年前，我国已开始人工种植木瓜。需要注意的是，还有一种植物叫番木瓜，不过在种植分类学上，木瓜与番木瓜，虽说仅一字之差，其名都叫木瓜，但既不同科，又不同属，更不同宗，是毫无关联的两种植物。

二、营养及成分

据测定，每100克木瓜主要营养成分见下表所列。另含有维生素B_1、B_2、C，胡萝卜素以及钙、铁、磷、硒等元素，还含有酒石酸、苹果酸、柠檬酸、齐墩果酸、木瓜酸等营养物质。

成分	含量
水分	92.2克
碳水化合物	6.2克
膳食纤维	0.8克
蛋白质	0.4克
脂肪	0.1克

三、食材功能

性味 味酸，性温。

归经 归肝、脾经。

功能 《雷公炮炙论》：“平肝舒筋，和胃化温。”木瓜保肝健胃，舒筋活络，消食止渴，和中祛湿，对腰腿酸痛、吐泻腹痛、四肢抽搐等病症有康复与食疗效果。

（1）舒筋活络。木瓜可用于风湿痹痛，筋脉拘挛，脚气肿痛等病症的辅助治疗；还可以舒筋除湿、和胃助消化。《本草拾遗》中记载：“下冷气，强筋骨，消食，止水病后渴不止，一顾去子，煎服之，嫩者更佳。又止呕逆，心脂痰唾。”

（2）保肝作用。木瓜可以促进肝细胞修复，显著降低血清丙氨酸氨基转移酶水平，治疗急性黄疸型肝炎，对改善症状、体征及肝功能均有明显疗效。

（3）抑菌作用。新鲜木瓜汁和木瓜煎剂对肠道菌和葡萄球菌有较明显的抑制作用，对肺炎链球菌抑制作用较差。

（4）消炎作用。木瓜中的萜类、苷类、多糖等成分对小鼠胶原性关节炎有明显的抑制作用，对佐剂性关节炎大鼠滑膜细胞的滑膜炎症可明显减轻，可改善滑膜纤维组织的增生。

四、烹饪与加工

直接食用或用作药用。

木瓜+菠萝+苹果+柳橙：清心润肺，帮助消化，柳橙可治胃病。

木瓜+小黄瓜+蜂蜜+水：使皮肤保持红润、白嫩，减少皱纹。

木瓜+哈密瓜+牛奶+冰块：消水肿，促进造血功能。

木瓜可以加工成木瓜葛根粉、木瓜牛奶等食品饮料。

木瓜牛奶

五、食用注意

（1）孕妇和经期的女性应该避免大量食用木瓜。

（2）食过多木瓜会损伤牙齿和骨骼。

（3）木瓜的种子有毒性极强的氢氰酸，注意防止误食。

齐桓公与木瓜

据《诗经》记载，木瓜与齐桓公还有一段美好的传说。春秋时期，群雄混战，弱肉强食，狼烟四起。当时卫国与狄国相战，卫国大败而归，卫人沿通粮道而逃，被齐桓公相救，且封之以地，赠之以车马器服等物。

卫人十分感激，欲厚报之而不能，于是作歌曰："投我以木瓜，报之以琼琚。非报也，永以为好也。"从此齐卫两国永结盟好，齐桓公之美名流传开来。正如《诗经》所言："木瓜，美齐桓公也。"

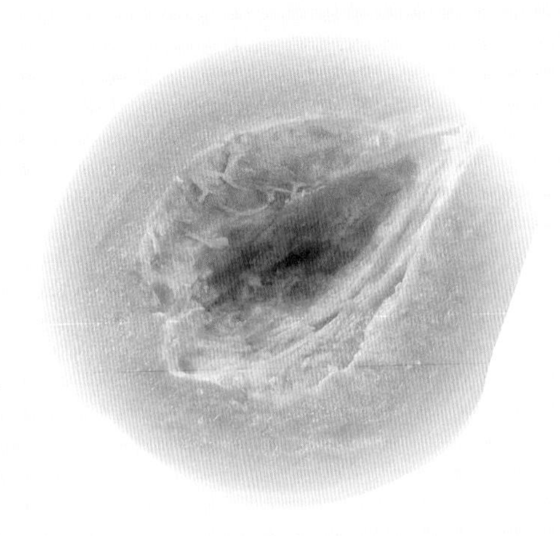

茯苓

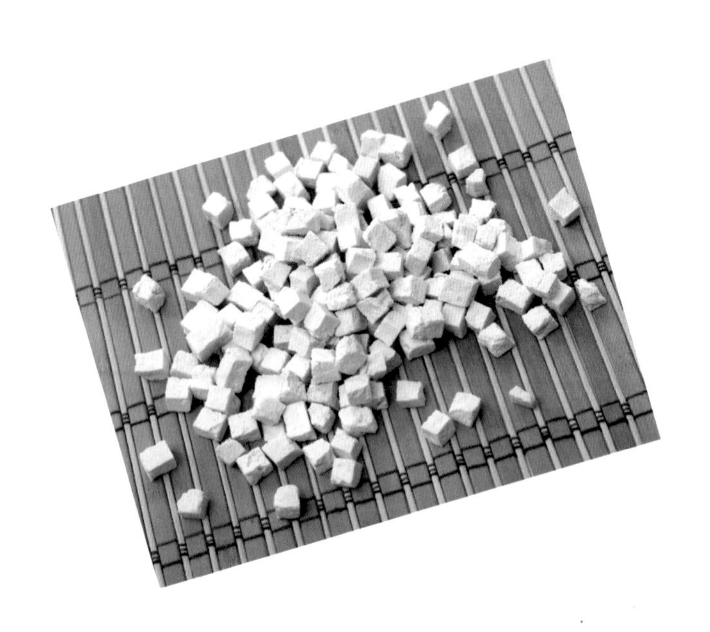

草堂归意背烟萝，黄绶垂腰不奈何。
因汝华阳求药物，碧松之下茯苓多。

——《送阿龟归华》（唐）李商隐

一、物种本源

拉丁文名称，种属名

茯苓［*Poria cocos*（Schw.）Wolf］，多孔菌科茯苓属，为真菌茯苓的干燥菌核。茯苓的菌核，又名玉灵、茯灵、万灵精、茯菟、松腴、更生、金翁、不死曲、不死面、降晨伏胎、松柏芋、土茯苓、松木薯、野苓等。

形态特征

茯苓，呈类球形、椭圆形、扁圆形或不规则团块，大小不一。外皮有明显的皱缩纹理，粗糙而薄，呈棕褐色或黑褐色。茯苓断面呈颗粒性，外层淡棕色，内部白色，少数淡红色，有的中间抱有松根。

皮内呈淡红者为“赤茯苓”，皮内呈白色者为“白茯苓”，如苓块中有松根穿透者为“茯神”。

习性，生长环境

茯苓喜温暖、干燥、向阳，忌北风吹刮，在海拔700米左右的松林中分布最广。温度以10～35℃为宜。菌丝在15～30℃均能生长，但以20～28℃较适宜。

茯苓生长的土壤以排水良好、疏松通气、沙多泥少的夹沙土（含沙60%～70%）为好，土层以50～80厘米深厚、上松下实、含水量25%、pH为5～6的微酸性土壤最适宜。切忌碱性土壤。

茯苓分布于河北、河南、山东、安徽、浙江、福建、广东、广西、湖南、湖北、四川、贵州、云南等省、自治区。

二、营养及成分

每100克茯苓主要营养成分见下表所列。此外还含有卵磷脂、葡萄糖、甾醇、茯苓酸、组氨酸、胆碱、矿物质、脂肪酶、蛋白酶以及茯苓聚糖及其分解酶等成分，这些营养成分对人体非常有益。

成分	含量
碳水化合物	83克
蛋白质	1克
脂肪	1克

三、食材功能

性味 味甘、淡，性平。

归经 归心、肺、脾、肾经。

功能 茯苓在《神农本草经》中有记载："利水渗湿，健脾和中，宁心安神。"茯苓甘淡而平，甘则能补，淡则能渗，性平和缓，既能健脾养心，又能利水渗湿。故凡脾虚及水湿内停所致病症，皆常应用，尤其对于脾虚湿胜之症，更为适宜。其特点是性质和平，补而不峻，利而不猛，既可扶正，又可祛邪。正虚（脾虚）邪盛（湿盛），必不可缺。

茯苓，有利尿作用，能增加尿钠、尿钾排出量，可能与影响肾小管重吸收功能有关。茯苓还有降血糖、镇静以及抑制金黄色葡萄球菌、大肠杆菌变形杆菌等作用。此外，茯苓又能使离体兔肠的自动收缩幅度减小，张力下降。常吃茯苓对老年性水肿、肥胖症也有益处。

（1）抗氧化作用。自由基参与人体的各种生命活动和代谢反应，影响机体衰老的快慢，研究清除体内自由基的物质，对药物发展有重大意义。研究表明，茯苓的提取物具有很强的自由基清除能力。

（2）提高免疫力。免疫系统是体内重要的天然保护屏障，很多学者利用小鼠实验证明，茯苓中的相关物质可以增强小鼠体内体外免疫，维持体内免疫环境的稳定和抵抗一些病原的侵入，从而提高免疫力。

四、烹饪与加工

茯苓山药莲子汤

（1）材料：茯苓、莲子、山药、薏仁、猪脊骨、生姜、食盐。

（2）做法：全部材料分开洗净；猪脊骨剁成小块，焯水；山药去皮、切片，生姜切片；茯苓、莲子、薏仁、猪脊骨、生姜一起放入炖锅，加适量饮用水，大火煲开，文火煲2小时。食用前半小时再放入山药和食盐，煲熟起锅。

茯苓山药莲子汤

茯苓薏米糕

（1）材料：茯苓、薏米粉、白糖适量。

（2）做法：茯苓、薏米粉和成面团，加白糖自然发酵半个小时，面团发开，找一个平盘，把面团均匀地铺开，放入锅内蒸20分钟，蒸熟切块即可。

茯苓薏米糕

五、食用注意

虚寒精滑或气虚下陷者忌食用茯苓。

茯苓名字的由来

从前有个员外，家里仅有一个女儿，名叫小玲。员外雇了一个壮实小伙子料理家务，叫小伏，这人很勤快，员外的女儿暗暗喜欢上了他。不料员外知道后，非常不高兴，认为两人门不当户不对，差距太大，不能联姻，便准备把小伏赶走，还把自己的女儿关起来，并托媒将小玲许配给一个富家子弟。小伏和小玲得知此事后，两人便一起从家里逃出来，住进一个小村庄。

后来小玲得了风湿病，常常卧床不起，小伏日夜照顾她，二人患难相依。有一天，小伏进山为小玲采药，忽见前面有只野兔，他用箭一射，射中兔子后腿，兔子带着伤跑了。小伏紧追不舍，追到一片被砍伐的松林处，兔子忽然不见了。他四处寻找，发现在一棵松树旁，一个球形的东西上插着他的那支箭。于是，小伏拔起箭，发现在棕黑色球体表皮裂口处露出里面白色的东西。他把这种东西挖回家，做熟了给小玲吃。第二天，小玲就觉得身体舒服多了。小伏非常高兴，经常挖这种东西给小玲吃，小玲的风湿病也渐渐痊愈了。这种药是小玲和小伏第一次发现的，人们就把它称为“茯苓”。

参考文献

[1] 陈寿宏. 中华食材 [M]. 合肥：合肥工业大学出版社，2016：50-64，161-164，315-323.

[2] 南京中医药大学. 中药大辞典（第2版）[M]. 上海：上海科学技术出版社，2014.

[3] 唐雪阳，谢果珍，周融融，等. 药食同源的发展与应用概况 [J]. 中国现代中药，2000，22（9）：1428-1433.

[4] 石镇港，姜德建. 药食同源中药安全性研究进展 [J]. 湖南中医药大学学报，2020，40（6）：772-777.

[5] 《线装经典》编委会. 中国经典民间故事 [M]. 昆明：晨光出版社，2016.

[6] 王丹，万骥，傅婷，等. 芫荽酸性磷酸酶的提取、纯化及酶学性质研究 [J]. 食品科学，2015，36（21）：162-167.

[7] 王婷，苗明三，苗艳艳. 小茴香的化学、药理及临床应用 [J]. 中医学报，2015，30（6）：856-858.

[8] 陈珏，倪江，周德尧，等. 药食同源植物——马齿苋的研究进展 [J]. 上海蔬菜，2020（3）：86-87.

[9] 杨云荃. 鱼腥草文献考证及其食物角色的历史变迁 [J]. 农业考古，2019（4）：211-218.

[10] 张宝峰，刘宁，张桂芹. 浅谈小兴安岭野生香蒿的开发利用 [J]. 中国林副特产，2018（3）：91-92.

[11] 莫丽玲，陈泽斌，靳松，等. 从文献分析看我国薄荷研究进展 [J]. 云南

农业，2018，353（6）：77-79.

［12］王德宝，包迎春，包万柱. 紫苏功能特性及产品加工研究进展［J］. 北方农业学报，2019，47（5）：96-99.

［13］蔡乾蓉. 紫苏属植物主要农艺性状和化学成分研究［D］. 雅安：四川农业大学，2010.

［14］王俊杰. 桑树名称与桑蚕神圣化［J］. 甘肃林业科技，2019，44（3）：40-41，50.

［15］曹侃. 桑葚药理研究与在食品加工中的应用进展［J］. 商丘师范学院学报，2020，36（9）：36-40.

［16］谭一丁，邓放明. 荷叶成分与生物学功能研究进展［J］. 食品研究与开发，2020，41（10）：193-197.

［17］张超文，谢梦洲，王亚敏，等. 药食同源莲子的应用研究进展［J］. 农产品加工，2019（3）：80-82.

［18］方嘉沁，韩舜羽，王凤娇，等. 莲子的营养成分及其在食品工业中的加工研究进展［J］. 农产品加工，2019（6）：72-75.

［19］林红强，王涵，谭静，等. 药食两用中药——芡实的研究进展［J］. 特产研究，2019，41（2）：118-124.

［20］王娜，包一枫，蔡金巧，等. 芡实的营养价值分析及开发利用现状［J］. 中国食物与营养，2016，22（2）：76-78.

［21］李建开. 金银花的药用价值与种植技术［J］. 热带农业工程，2019，43（6）：18-19.

［22］刘琳，程伟. 槐花化学成分及现代药理研究新进展［J］. 中医药信息，2019，36（4）：125-128.

［23］徐谓，李洪军，贺稚非. 甘草提取物在食品中的应用研究进展［J］. 食品与发酵工业，2016，42（10）：274-281.

［24］李海洋，李若存，陈丹，等. 白扁豆研究进展［J］. 中医药导报，2018，24（10）：117-120.

［25］王苗，张荣榕，马馨桐，等. 中药薤白药食同源功效探析［J］. 亚太传统医药，2020，16（6）：195-201.

［26］李慧，朱海燕. 黄精食品的开发及发展探讨［J］. 农产品加工，2019（15）：86-88.

［27］于学康. 百合的药用与食疗［C］. 中华中医药学会2013年药房管理分会

学术年会论文汇编，2013：213-214.

［28］ 黄浩河，黄崇杏，张霖雲，等. 姜黄素在食品保鲜中应用的研究进展［J］. 食品工业科技，2020，41（7）：320-324，331.

［29］ 杨秦，叶扬，肖洪，等. 山柰酚功能及提取工艺研究进展［J］. 粮食与油脂，2018（3）：12-16.

［30］ 马成勇，王元花，杨敏，等. 白茅根及其提取物的药理作用机制及临床应用［J］. 医学综述，2019，25（2）：370-374.

［31］ 吕蓉，陈博，林丽，等. 麦芽的生药学鉴别研究［J］. 时珍国医国药，2019，30（11）：2657-2658.

［32］ 徐子妍，董凯璇，苏亚东，等. 山药的营养功效及加工利用研究进展［J］. 中国果菜，2019，39（8）：52-57.

［33］ 代亚萍，邓凯波，周伟，等. 栀子果功能成分及干燥技术研究进展［J］. 食品工业科技，2019，40（21）：300-306.

［34］ 胡云峰，陈君然，胡晗艳，等. 熟化枸杞子的加工工艺及功能特性［J］. 农业工程学报，2017，33（8）：309-314.

［35］ 宋高翔，张艳，陶宇，等. 芝麻生理功效研究综述［J］. 粮食与食品工业，2017，24（3）：38-40.

［36］ 陈平. 中药黑芝麻的研究概况及其应用［J］. 现代医药卫生，2014，30（4）：541-543.

［37］ 李娜，高昂，巩江，等. 胖大海药学研究概况［J］. 安徽农业科学，2011，39（16）：9609-9610.

［38］ 贺志荣，宋继敏，赵三虎，等. 肉豆蔻油提取工艺及其功能作用研究进展［J］. 中国调味品，2019，44（7）：188-190.

［39］ 田晶. 大枣枣果的系统分离制备和化学表征［D］. 石家庄：河北科技大学，2019.

［40］ 王光志. 认识身边的中药——白果［J］. 中医健康养生，2019，5（11）：36-37.

［41］ 刘宁. 橘红：青色的玉［J］. 农家之友，2019（2）：7-8.

［42］ 邹妍，鄢海燕. 中药木瓜的化学成分和药理活性研究进展［J］. 国际药学研究杂志，2019，46（7）：507-515.

［43］ 邓桃妹，彭代银，俞年军，等. 茯苓化学成分和药理作用研究进展及质量标志物的预测分析［J］. 中草药，2020，51（10）：2703-2717.

图书在版编目（CIP）数据

中华传统食材丛书.药食同源卷／魏兆军，陈寿宏主编. —合肥：合肥工业大学出版社，2022.8

ISBN 978－7－5650－5110－4

Ⅰ.①中… Ⅱ.①魏… ②陈… Ⅲ.①烹饪—原料—介绍—中国 Ⅳ.①TS972.111

中国版本图书馆CIP数据核字（2022）第157807号

中华传统食材丛书・药食同源卷

ZHONGHUA CHUANTONG SHICAI CONGSHU YAOSHITONGYUAN JUAN

魏兆军 陈寿宏 主编

项目负责人	王 磊 陆向军
责任编辑	陆向军
责任印制	程玉平 张 芹
出 版	合肥工业大学出版社
地 址	（230009）合肥市屯溪路193号
网 址	www.hfutpress.com.cn
电 话	编校与质量管理部：0551−62903028 营销与储运管理中心：0551−62903198
开 本	710毫米×1010毫米 1/16
印 张	13.25 **字 数** 184千字
版 次	2022年8月第1版
印 次	2022年8月第1次印刷
印 刷	安徽联众印刷有限公司
发 行	全国新华书店
书 号	ISBN 978－7－5650－5110－4
定 价	116.00元

如果有影响阅读的印装质量问题，请与出版社营销与储运管理中心联系调换。